内蒙古黄河流域水权交易制度建设与实践研究丛书

主　编　王慧敏　赵　清
副主编　吴　强　石玉波　刘廷玺　阿尔斯楞

节水技术 与交易潜力

屈忠义　黄永江　刘晓民　郑永朋　等　著

中国水利水电出版社
www.waterpub.com.cn
·北京·

内 容 提 要

本书以内蒙古黄河流域引黄灌区和引用黄河水工业为研究对象，在对取用黄河水的灌区和工业进行实地调研及引水、用水和耗水等资料整理的基础上，系统地分析内蒙古黄河流域水资源开发利用现状；开展盟市内及盟市间水权交易工程实施情况与效果评估；进行引黄灌区农业耗水结构与时空变化分析；进行引黄灌区水权转化项目实施后灌区灌溉水利用效率的提高程度和农业与工业用水交易潜力分析；总结凝练农业及工业节水新技术、新模式，为下一步指导实施节水灌溉工程建设规划、水权转换工程提供决策依据。

本书可供从事灌区节水改造、用水管理、运行管理、工业节水改造的专业技术人员和职业技术及高等院校相关专业师生参考使用。

图书在版编目（CIP）数据

节水技术与交易潜力 / 屈忠义等著. -- 北京：中国水利水电出版社，2020.2

（内蒙古黄河流域水权交易制度建设与实践研究丛书）

ISBN 978-7-5170-8504-1

Ⅰ. ①节… Ⅱ. ①屈… Ⅲ. ①节约用水－研究－内蒙古②水资源管理－研究－内蒙古 Ⅳ. ①TU991.64②TV213.4

中国版本图书馆CIP数据核字(2020)第059447号

书　　名	内蒙古黄河流域水权交易制度建设与实践研究丛书 **节水技术与交易潜力** JIESHUI JISHU YU JIAOYI QIANLI
作　　者	屈忠义　黄永江　刘晓民　郑永朋　等　著
出版发行	中国水利水电出版社 （北京市海淀区玉渊潭南路 1 号 D 座　　100038） 网址：www.waterpub.com.cn E-mail：sales@waterpub.com.cn 电话：(010) 68367658（营销中心）
经　　售	北京科水图书销售中心（零售） 电话：(010) 88383994、63202643、68545874 全国各地新华书店和相关出版物销售网点
排　　版	中国水利水电出版社微机排版中心
印　　刷	天津嘉恒印务有限公司
规　　格	170mm×240mm　16 开本　7.5 印张　147 千字
版　　次	2020 年 2 月第 1 版　2020 年 2 月第 1 次印刷
印　　数	0001—6000 册
定　　价	**40.00 元**

本 书 编 写 人 员

屈忠义　黄永江　刘晓民　郑永朋　蒋义行
刘晓旭　张栋良　关丽罡　王文彬　郑　阳
胡春媛　陈　琼　高　磊　李　昂

　　黄河流域水资源严重短缺，区域间、行业间用水矛盾突出，落实习近平总书记在黄河流域生态保护和高质量发展座谈会上的讲话精神，急需把水资源作为最大的刚性约束，加强生态保护，推动高质量发展。国务院通过"八七分水"方案确定了沿黄各省区的黄河可供水量，黄河水利委员会加强了黄河水资源统一调度和管理。在坚持黄河取用水总量控制的情况下，引入市场机制开展水权交易，是解决黄河流域水资源区域和行业间矛盾的重要出路。2000 年，我在中国水利学会年会上作了题为《水权和水市场——谈实现水资源优化配置的经济手段》的学术报告，20 年来我国水权水市场建设取得了积极成效，特别是内蒙古自治区运用水权水市场理论，以初始水权和总量控制为基石，探索出了一条具有黄河流域特色的水权改革创新之路。

　　总体上看，我认为内蒙古黄河流域水权交易探索有以下经验值得借鉴：一是"需求牵引，供给改革"，始终注重以经济社会发展对水权交易的需求为牵引，通过水资源供给侧结构性改革，一定程度上缓解了水资源供需矛盾；二是"控制总量，盘活存量"，在严格控制引黄取用水总量的前提下，盘活存量水资源，形成总量控制下的水权交易；三是"政府调控，市场运作"，既强调政府配置水资源的主导作用，又注重运用市场机制引导水资源向更高效率和效益的方向流动；四是"流域统筹，区域平衡"，既在流域层面统筹破解水资源供需矛盾，拓展了水资源配置的空间尺度，又在区域层面实现各相关主体的利益平衡，较好实现了多方共赢。

　　从 2003 年至今，内蒙古黄河流域水权交易探索取得了重要成效。目前内蒙古沿黄地区经济总量相比 2003 年已经翻了好几番，但黄河取用水总量不升反降，较好实现了以有限水资源支撑经济社会的不断发展和生态环境的逐步改善，这也印证了水权水市场理论的生命力。

作为全国水权试点省区之一，内蒙古自治区于 2018 年全面完成了试点目标和任务，通过了水利部和内蒙古自治区人民政府联合组织的行政验收。在水权试点工作顺利结束之后，下一步内蒙古自治区的水权水市场建设如何走？在这承前启后的关键阶段，有必要对已有的实践探索进行全面总结，并基于当前和今后一段时期水权改革的趋势和方向，进一步健全和完善水权交易制度。这对于深入贯彻落实习近平总书记新时代治水思路以及黄河流域生态保护和高质量发展座谈会重要讲话精神、进一步破解内蒙古黄河流域水资源瓶颈问题、支撑区域经济社会高质量发展和生态文明建设，具有重要和深远的意义。

《内蒙古黄河流域水权交易制度建设与实践研究丛书》共分 3 册，各有侧重，诠释了内蒙古黄河流域水权交易的"昨天、今天、明天"。其中，《水权交易实践与研究》侧重于实践维度，梳理了内蒙古黄河流域水权交易实践历程，探究了交易背后的内在需求和理论基础，评估了交易效益，归纳了交易实践创新内容，提出了今后的交易发展对策；《水权交易制度建设》侧重于制度维度，评估了内蒙古黄河流域水权交易制度，归纳了制度创新内容，构建了当前和今后一段时期制度建设框架，研究了制度建设重点；《节水技术与交易潜力》侧重于技术维度，评估了水权交易工程实施效果，归纳了节水技术创新内容，分析了水权交易市场潜力。

衷心祝愿有关各方能够以该丛书为新的起点，进一步谋划和深化水权水市场理论和制度创新，在更高的层次上实现生态文明建设和经济社会高质量发展的共赢。

水利部原部长：汪恕诚

2020 年 1 月

黄河流域大部分属于干旱与半干旱地区，流域生态环境脆弱，但土地、矿产特别是能源资源十分丰富，为经济社会发展提供了良好的资源支撑条件，成为我国重要的农牧业生产基地和能源基地。无论是黄河流域生态屏障的维护、实现流域同步建成小康社会，还是将丰富的自然资源真正转变为确保国家粮食安全、能源安全和生态安全的战略保障，均高度依赖水资源的支撑。但黄河流域又是一个水资源极度短缺的地区，现状开发利用程度较高，成为流域及相关地区经济社会可持续发展和良好生态环境维持的最大制约和短板。未来，随着流域经济社会持续发展以及京津冀协同发展、"一带一路"、雄安新区建设、《能源发展战略行动计划》（2014—2020 年）等一系列区域协调发展战略的实施，黄河流域水资源短板制约作用将更加明显。

2019 年 9 月，习近平总书记考察黄河并专门主持召开黄河流域生态保护和高质量发展座谈会，就黄河系统治理、生态保护和高质量发展作出了"要坚持以水定城、以水定地、以水定人、以水定产，把水资源作为最大的刚性约束，合理规划人口、城市和产业发展，坚决抑制不合理用水需求，大力发展节水产业和技术，大力推进农业节水，实施全社会节水行动，推动用水方式由粗放向节约集约转变"的重要指示。

内蒙古黄河流域水资源短缺，供需矛盾突出，已成为制约当地经济社会发展的瓶颈。为破解这一难题，同时为贯彻落实国家新时期的"节水优先、空间均衡、系统治理、两手发力"治水思路，适应经济社会发展的需求，解决新时期水资源的节约、保护、开发、利用、治理和配置的重大问题，加强水资源的科学管理，提高水的利用效率，建设资源节约型和环境友好型社会，促进水资源的可持续利用，保障国民经济的可持续发展，自2003年起内蒙古自治区率先在鄂尔多斯市、包头市、阿拉善盟探索开展盟市内"点对点"水权转让工作，通过这一工作的实施，显著提升了沿黄灌区用水效率，同时实现了逐年降低引黄水量至分水计划指标红线内的目标。为了全面推进水权制度建设，2014年12月探索开展跨盟市水权交易工作，通过在河套灌区沈乌灌域进行节水改造工程建设，将灌区节约的水量有偿转让给鄂尔多斯市、乌海市、阿拉善盟的工业建设项目，采取水权协议转让和公开交易两种方式，与取用水企业签订了水权转让合同，水权转让资金全部落实；同时在沈乌灌域开展了引黄用水指标细化分配和使用权确权登记工作，将水资源使用、收益的权利落实到了用水户。经过十多年的水权试点工作，初步形成了"政府主导、企业申报、灌区节水、有偿转让"的水权转让模式，取得了积极成效，积累了一定的经验。

本书围绕内蒙古自治区水权试点实施工作，以内蒙古自治区水利厅专项项目"内蒙古黄河流域水权交易制度建设与实践研究"中"内蒙古黄河流域节水技术评估与潜力分析"成果为基础，提出了内蒙古黄河流域引黄灌区节水改造新模式、工业节水改造新技术，实现了农业节水、农民增收、工业增效、生态修复的多赢，积累了具有鲜明时代特色和地域特色的内蒙古自治区水资源管理实践经验，为解决新时期经济社会发展中水资源不平衡、不充分的矛盾问题，提供了内蒙古自治区方案，对黄河流域和类似地区具有广泛借鉴意义。

本书第一章阐述了内蒙古黄河流域农业和工业节水潜力的研究背景和研究内容；第二章介绍了内蒙古黄河流域基本概况、引黄灌区概况，并对内蒙古黄河流域水资源开发利用现状进行了分析；第三章介绍了阿拉善盟李井滩扬水灌区水权转换项目、乌海市神华乌海煤焦化水权转让项目、鄂尔多斯市水权转让一期及二期工程、包头市黄河灌区水权转让一期工程等盟市内水权交易工程的基本概况，并对各工程项目实施效果进行了评估；第四章介绍了盟市间水权转让试点工程河套灌区沈乌灌域的基本情况，并从节水效果、节约水量、生态状况、社会经济效益等方面进行评估；第五章主要对农业节水与交易潜力进行分析，分析用水水平，评估各大灌区灌溉水利用效率，介绍主要节水工程与措施，分析节水潜力；第六章主要对工业用水与交易潜力进行分析，分析内蒙古黄河流域2010—2015年已批复使用黄河水的工业用水水平，介绍几大高耗水行业采取的节水工程与措施，依据最严格水资源管理制度和"三条红线"制度分析节水潜力，计算可节约水量；第七章详细说明了农业、工业节水技术创新，并通过典型案例进行分析说明；第八章对农业、工业节水技术与交易潜力进行了总结，得出了结论，并对未来发展趋势进行展望。

本书第一章由屈忠义、刘晓民编写；第二章由黄永江、刘晓民及郑永朋编写；第三章、第四章由黄永江、刘晓民、郑永朋编写；第五章由黄永江、张栋良编写；第六章由刘晓民、郑永朋编写；第七章由黄永江、刘晓民、郑永朋编写；第八章由黄永江、刘晓民编写。关丽罡、王文彬、郑阳、胡春媛、陈琼、蒋义行、刘晓旭、高磊、李昂等参加了资料整理和编排工作。

感谢内蒙古河套灌区管理总局、阿拉善黄河高扬程灌溉管理局、呼和浩特市水务局、包头市水务局、乌海市水务局、鄂尔多斯市水务局、巴彦淖尔市水务局、阿拉善盟水务局、镫口扬水灌区管理局、托克托县水务局以及相关灌区、灌域、实验站等多家单位在本书完成过程中给予的支持和帮助。

由于水平有限，撰写时间仓促，书中难免会存在疏漏及不成熟之处，得出的结论难免偏颇，如有不当之处，敬请读者批评指正。

编　者

2020 年 1 月

总序

前言

第一章　绪论 ······················· 1

一、研究背景与意义 ·············· 1

二、主要研究目标与内容 ·········· 2

三、水权转换历程 ··············· 3

第二章　内蒙古黄河流域水资源现状分析 ········· 5

一、流域概况 ··················· 5

二、引黄灌区概况 ··············· 6

三、水资源开发利用现状 ········· 11

第三章　盟市内水权交易工程实施与效果评估 ······ 16

一、水权交易概况 ·············· 16

二、实施效果评估 ·············· 24

第四章　盟市间水权交易工程实施与效果评估 ······ 26

一、水权交易概况 ·············· 26

二、实施效果评估 ·············· 28

第五章　农业节水与交易潜力分析 ········· 46

一、用水水平分析 ·············· 46

二、主要节水工程与措施 ········· 53

三、交易潜力分析 ·············· 54

四、小结 ···················· 56

第六章　工业用水与交易潜力分析 ········· 58

一、用水水平分析 ·············· 58

二、主要节水工程与措施 ········· 64

三、交易节水潜力 ·············· 68

四、小结 ···················· 78

第七章　节水技术创新 ……………………………………………… 80

一、农业节水技术创新 ……………………………………………… 80

二、工业节水技术创新 ……………………………………………… 95

第八章　结论与展望 ………………………………………………… 99

一、结论 ……………………………………………………………… 99

二、展望 ……………………………………………………………… 101

参考文献 …………………………………………………………………… 102

第一章 绪 论

一、研究背景与意义

水是生命之源、生产之要、生态之基。党中央、国务院高度重视水权试点建设，先后出台了一系列文件，针对如何推进水权制度建设作出总体部署、提出明确要求。2011年中央1号文件和中央水利工作会议提出要建立和完善国家水权制度，充分运用市场机制优化配置水资源。2012年国务院3号文件明确提出要建立健全水权制度，积极培育水市场，鼓励开展水权交易，运用市场机制合理配置水资源。《国家农业节水纲要（2012—2020年）》提出"有条件的地区要逐步建立节约水量交易机制，构建交易平台，保障农民在水权转让中的合法权益"。党的十八大从生态文明建设的高度，强调要积极开展水权交易试点；党的十八届三中全会通过的《中共中央关于全面深化改革若干重大问题的决定》明确提出要健全自然资源资产产权制度和用途管制制度，推行碳排放权、排污权、水权交易制度。2014年3月，习近平总书记提出"节水优先、空间均衡、系统治理、两手发力"的新时期水利工作思路，并指出推动建立水权制度，明确水权归属，培育水权交易市场，但也要防止农业、生态和居民生活用水被挤占。2015年9月，中共中央、国务院印发的《生态文明体制改革总体方案》进一步提出要合理界定和分配水权，探索地区间、流域间、流域上下游、行业间、用水户间等水权交易方式，开展水权交易平台建设。《中共中央关于制定国民经济和社会发展第十三个五年规划的建议》中指出要建立健全用水权初始分配制度，培育和发展水权交易市场。《国务院关于全民所有自然资源资产有偿使用制度改革的指导意见》（国发〔2016〕82号）提出鼓励通过依法规范设立的水权交易平台开展水权交易，区域水权交易或者交易量较大的取水权交易应通过水权交易平台公开公平公正进行，充分发挥市场在水资源配置中的作用。2017年中央1号文件提出要加快水权水市场建设，推进水资源使用权确权和进场交易。

水利部积极贯彻落实党中央、国务院的决策部署和习近平总书记重要讲话精神，将水权制度建设作为重要改革任务。2014年1月印发的《水利部关于深化水利改革的指导意见》提出建立健全水权交易制度，开展水权交易试点，探索多种形式的水权流转方式。2014年7月印发的《水利部关于开展水权试

1

点工作的通知》（水资源〔2014〕222号）明确包含内蒙古自治区在内的7省市开展水权试点工作，试点内容主要包括水资源使用权确权登记、水权交易和开展水权制度建设三个方面。2016年4月印发的《水权交易管理暂行办法》（水政法〔2016〕156号）对交易主体和期限、交易价格形成机制、交易平台运作规则等作出了具体的规定，为规范水权交易行为提供了依据和保障。

为贯彻落实水利部深化改革的指导意见，积极推进水权制度建设，自2003年起，黄河水利委员会（以下简称"黄委会"）与内蒙古自治区共同开展水权转换试点工作。截至2017年，试点工作取得重要进展，为缓解内蒙古黄河流域地区水资源供需矛盾，保障区域经济社会发展用水需求做出了积极贡献，取得了"多赢"的效果，在未增加黄河取水总量的前提下，为当地工业项目提供了生产用水，促进了区域经济快速发展；拓展了水利融资渠道，灌区节水工程建设速度加快，提高了水资源利用效率和效益，实现了水资源优化配置；保护了农民合法用水权益，输水损失减少，水费支出下降，为农民赢得了实惠。水权转换试点探索了一条农业支持工业、工业反哺农业的经济社会发展新路，有利于维持黄河健康生命，有利于保障黄河水资源的可持续利用，黄河水权转换试点的意义重大，是我国历史上首次在大江大河上开展的水权市场实践，是我国水权市场探索进程中的重要范例，对我国水权市场的发展有深远意义，也标志着我国水权制度建设全面从理论走向实践。受内蒙古自治区水利厅委托，内蒙古农业大学于2017年开展了"内蒙古黄河流域引黄地区农业、工业节水潜力分析"研究，为总结内蒙古自治区水权试点实践经验提供数据支撑，为全国层面推进水权制度建设提供经验和示范。

二、主要研究目标与内容

（一）研究目标

本书在对内蒙古沿黄6个盟市2003—2016年以来取用黄河水的灌区、2010年以来取用黄河水的工业进行实地调研和对引水、用水和耗水等资料进行整理的基础上，开展水资源开发利用现状分析，盟市内及盟市间水权交易工程实施情况与效果评估，引黄灌区农业耗水结构与时空变化分析，引黄灌区水权转化后灌溉水利用效率提高程度和未来灌区农业用水交易潜力分析，节水灌溉工程建设节水效果分析，工业用水交易潜力分析，以及总结凝练农业及工业节水新技术，为下一步指导实施节水灌溉工程建设规划、水权转换工程提供决策依据。

（二）研究内容

选择内蒙古引黄灌区、引用黄河水工业为研究对象，以此开展节水潜力分析。主要内容包括以下几个方面：

（1）水权转化试点灌区实施效果监测。

（2）内蒙古引黄灌区农业用水节水潜力分析。

（3）内蒙古黄河流域工业用水节水潜力分析。

（4）内蒙古黄河流域水权交易节水技术创新与模式。

三、水权转换历程

内蒙古自治区是我国北方重要的生态安全屏障，是国家重要的能源基地、新型化工基地、有色金属基地和绿色农畜产品生产加工基地，在全国经济社会发展和边疆繁荣稳定大局中具有重要地位。内蒙古黄河流域是内蒙古自治区资源富集、经济密集、发展迅速的地区，经济总量占全自治区的70%以上，自治区近70%的电力装机、80%的钢铁、50%的有色金属和绝大部分的煤化工、装备制造、农畜产品加工、建材加工制造等集中于此。

长期以来水资源短缺问题一直困扰着该地区经济社会的发展，国务院"八七分水"方案确定内蒙古自治区黄河耗用水量指标为58.6亿 m³，目前无余留水量指标，水指标的短缺成为沿黄地区经济社会发展的制约瓶颈。2003年在水利部和黄委会的大力支持和指导下，开展了黄河流域水权转让试点工作，2005年黄委会批准了《内蒙古自治区黄河干流水权转让总体规划》，在盟市内部进行水权转让。目前盟市内水权转让进展总体顺利，鄂尔多斯市、包头市、乌海市、巴彦淖尔市相继开展了灌区节水改造建设，以及将农业用水指标转让为工业项目用水的水权转让工作，解决了40多个工业项目的用水需求，筹集了30多亿元的沿黄灌区节水改造资金。通过水权有偿转让，取得了"多赢"的效果，形成了工业反哺农业，农业支持工业，经济社会、资源环境协调发展的良性运行机制，走出了一条成功解决干旱缺水地区经济社会发展用水的新路。水权转让破解了内蒙古自治区水资源短缺的制约瓶颈，带来了巨大的经济、社会和环境效益。

随着以"呼包鄂"为龙头的沿黄经济带的发展，区域缺水问题仍然十分严重，除河套灌区外，沿黄盟市内部的灌区节水潜力、水权转让能力已基本挖掘殆尽，对跨区域水权转换有着较大的需求。

河套灌区——内蒙古自治区最大的用水大户具有较大的节水潜力。近十多年来已累计投入了近70亿元的资金用于灌区的节水改造配套建设，灌区用水量由2000年的52亿 m³ 降到2016年的46亿 m³ 左右，按照规划测算，灌区全部完成节水改造建设后，还可节约黄河取用水量9亿 m³ 左右，具有较大的节水能力。对河套灌区实施节水改造建设、实施跨区域水权转让是目前在黄河用水总量不突破的前提下调整用水结构、优化水资源配置，解决沿黄地区发展用水问题，缓解目前严峻的水资源供需形势的重要途径。

2006 年内蒙古自治区人民政府投资 3 亿元用于河套灌区节水工程建设，并以内政字〔2006〕59 号文下发《内蒙古自治区人民政府关于进一步调整黄河用水结构有关事宜的通知》，提出"从巴彦淖尔市河套灌区农业用水指标中通过水权转换方式调整出 3.6 亿 m^3，作为沿黄河其他盟市工业发展的后备水源"。

国务院高度重视内蒙古经济社会的全面可持续发展，2011 年以国发〔2011〕21 号文下发了《国务院关于进一步促进内蒙古经济社会又好又快发展的若干意见》，对内蒙古经济社会发展提出了总体要求、战略定位、总体目标和各项建设任务。在产业政策方面要求加大政策支持力度，提出"建立健全节约用水和水资源保护机制，加快水权转换和交易制度建设，在内蒙古开展跨行政区域水权交易试点"。

河套灌区有着巨大的节水潜力，为开展水权跨区域转换提供了保障。

近年来，水利部、黄委会和内蒙古自治区人民政府、水利厅就实施跨盟市水权转让进行了多次的探讨、研究和沟通，取得了一致的共识。2013 年经水利部和自治区人民政府批准，在水利部、黄委会的大力支持和指导下，自治区水利厅、内蒙古河套灌区管理总局选择河套灌区用水相对独立的沈乌灌域作为试点灌区，按照"先试点、后推进"方式开展盟市间水量转让工程建设和水权转让交易。目前试点工程进展顺利，并同步进行监测评估，工程正常运行后可实现节水 2.35 亿 m^3、转让 1.20 亿 m^3 的目标。

第二章 内蒙古黄河流域水资源现状分析

一、流域概况

（一）自然地理

内蒙古黄河流域位于黄河中上游，地处黄河最北端，位于内蒙古自治区中西部，北起内蒙古高原，南界长城，西邻宁夏，东接海河流域，流域面积为15.12万km²，占内蒙古自治区总面积的12.78%。黄河从宁夏石嘴山进入内蒙古自治区，流经区内的阿拉善盟、乌海市、巴彦淖尔市、鄂尔多斯市、包头市、呼和浩特市等6个盟市，由鄂尔多斯市榆树湾出境，境内河长840km。

（二）水文气象

内蒙古黄河流域地域辽阔，属北温带大陆性干旱气候区。区域降水量小，蒸发量大，气温和降水量季节性变化大，湿度小，温差大，风大沙多，光、温、水地域差异明显。年降水量为150~450mm，从东南向西北呈递减趋势。降水多集中在7—9月，3个月降水量占全年降水量的70%，年内分布极不均匀。而年蒸发量为1200~2000mm，蒸发量为降雨量的4~8倍。全年中，1月、2月、11月、12月四个月温度为零度以下，多年平均气温为5.0℃左右。年日照时数为3000~3200h，日照百分率为67%~73%。年均风速为1.5~5.0m/s，部分地区大于5m/s。无霜期为130~200d。

（三）河流水系

内蒙古黄河流域主要支流有都思兔河、昆都仑河、大黑河、浑河、纳林河、乌兰木伦河和红柳河等，主要以黄河和大黑河水系为主，共计有十几支小型河流汇入黄河。与内蒙古黄河流域有水力联系的湿地主要有乌梁素海、哈素海。大黑河发源于乌兰察布市卓资县，全长225.5km，流域面积为14654.5km²，经赛罕区榆林镇流入呼和浩特市境内，于托克托县城西入黄河。巴彦淖尔市河套灌区的退水汇入乌梁素海，使得这一湖泊成为连接灌区与黄河的纽带。黄河南岸的鄂尔多斯高原中湖泊很多，但皆为小型湖泊，面积大于1km²的有120多个。

（四）地形地貌

内蒙古黄河流域分为河套平原、阴山（狼山）和鄂尔多斯高原三大类地形地貌区域。河套平原西起磴口，东至西山嘴，长约 180km；黄河以北宽 50～60km，南岸宽 2～8km；狼山南侧砾石戈壁的洪积扇，自山麓至扇缘，小者宽 1km，大者宽 5km；磴口以西属乌兰布和沙漠。山地为阴山山脉，主要是狼山山脉，主要地貌有中低山、低山丘陵区、波状高平原、枝状沟谷；狼山长约 280km，宽约 3060km，成弧形环抱于河套平原之北，山地最高峰海拔为 1912.1m，其余地区海拔为 1280～1854m，是重要产流区。鄂尔多斯高原位于黄河南侧，主要地貌类型有平原、沙地、丘陵等。

二、引黄灌区概况

内蒙古引黄灌区地处内蒙古自治区西中部，横跨阿拉善盟、乌海市、巴彦淖尔市、鄂尔多斯市、呼和浩特市、包头市等 6 个盟市，主要包括李井滩扬水灌区、巴音陶亥灌区、河套灌区、黄河南岸灌区、镫口扬水灌区、民族团结灌区、麻地壕扬水灌区等 7 个灌区。灌区主要种植小麦、玉米和葵花等粮油作物，灌区灌溉年均引黄水量为 65.5 亿 m³，退水量为 15.68 亿 m³，农业耗水量为 49.82 亿 m³。

自 1999 年以来，内蒙古引黄灌区在国家和内蒙古自治区的大力支持下，实施了"大中型灌区续建配套与节水改造工程""水权转换工程"等节水工程建设项目，涉及灌区渠道衬砌、排水沟开挖和渠（沟）系建筑物、引水建筑物改造以及田间节水灌溉技术改造等重要建设内容，灌区工程状况有了明显改观，灌区灌排条件得到了明显改善，各灌区的灌溉水利用系数有了一定提高。

（一）河套灌区

河套灌区位于黄河上中游内蒙古段北岸的冲积平原，引黄控制面积为 1743 万亩，现引黄有效灌溉面积为 861 万亩，农业人口 100 余万人，是亚洲最大的一首制灌区和全国三个特大型灌区之一，也是国家和内蒙古自治区重要的商品粮、油生产基地。河套灌区地处我国干旱的西北高原，降水量少，蒸发量大，属于没有引水灌溉便没有农业的地区。新中国成立以后，经过几代人的不懈努力，各项事业得到了长足的发展，现已初步形成灌排配套的骨干工程体系。全灌区现有总干渠 1 条，干渠 13 条，分干渠 48 条，支、斗、农、毛渠 8.6 万多条，排水系统有总排干沟 1 条，干沟 12 条，分干沟 59 条，支、斗、农、毛沟 1.7 万多条，各类建筑物 13 万余座。

新中国成立以来，河套灌区水利建设大致经历了三个阶段。从新中国成立初期至 20 世纪 60 年代初期，重点建设了引水灌溉工程。1959—1961 年，兴建了三盛公水利枢纽工程，开挖了输水总干渠，使河套灌区引水有了保障，结束了在黄河上无坝多口引水、进水量不能控制的历史，开创了河套灌区一首制引水灌溉的新纪元。从 20 世纪 60 年代中期开始，灌区进入了以排水建设为主的第二个发展阶段。1957 年疏通了总排干沟，1977 年建成了红圪卜排水站，1980 年打通了乌梁素海至黄河的出口，其间还开挖了干沟、分干沟和支、斗、农、毛沟，使灌区的排水有了出路。20 世纪 80 年代，灌区引进世界银行贷款 6000 万美元，加上地方配套资金共投资 8.25 亿元，重点开展了灌区灌排配套工程建设，完成了总排干沟扩建、总干渠整治"两条线"和东西"两大片"八个排域的 315 万亩农田配套。从此，河套灌区结束了有灌无排的历史，灌排骨干工程体系基本形成。从 20 世纪 90 年代开始，随着黄河上游工农业经济的发展和用水量的增加，上游来水量日趋减少，再加上河套灌区和宁夏灌区用水高峰重叠，以及灌区内复种、套种指数的提高，灌溉面积的增加，使灌区的适时引水日益困难。因此，自 1998 年起，灌区进入了以节水为中心的第三个阶段。

近年来，灌区认真贯彻水利部提出的"两改一提高"❶ 精神，抢抓国家实施西部大开发的历史机遇，积极争取国家对灌区节水改造项目的投资。自 1998 年至 2012 年累计总投资 13.68 亿元，灌区发展到 2006 年已比 1999 年节水 1.46 亿 m^3，到 2012 年已比 1999 年节水约 3 亿 m^3，随着工程整体运行寿命的延长，全灌区工程完好率由 1998 年的 61.6% 提高到目前的 73.8%。同时，减少了侧渗，降低了土地盐碱化程度，促进了周边生态环境的好转。

在改革方面，一是大力推行用水户参与灌溉管理改革。群管改制覆盖全灌区，共组建各类管水组织 1183 个，其中农民用水户协会 341 个。为了进一步深化群管体制改革，2005 年巴彦淖尔市政府出台了《群管组织❷ 和用水户参与灌溉管理暂行办法》，特别是 2006 年，市政府出台了《完善群管体制改革全面推行"亩次计费"❸ 的实施意见》，为全面推行"亩次计费"创造了条件。二是大力推行以"管养分离"❹ 为主的国管工程管理体制改革。改革覆盖面达到了国管渠沟道的 2/3 以上，共完成标准化渠堤建设 700km。三是试行人事制度改革，在基层所段，推行了岗位竞聘制度。四是稳步推行水价水费改革，对群管水价改革也进行了有益探索。多年来，河套灌区通过改革、发展和建设，不断提高灌区现代化管理水平，实现了水务民主化、农牧民收入与灌区水利管理水平的同步提高。在大型灌区节水改造建设、用水户参与式管理、管养分离、信息化建设等多个方面，走在了全国大型灌区的前列，受到了水利部、国家发展改革委等部委的多次表彰。

---

❶ 两改一提高：通过灌区节水技术改造和用水管理体制改革，提高水的利用效率和效益。

❷ 群管组织：由用水户组织建立，参与灌区管理的组织机构。

❸ 亩次计费：根据每亩地每次实际用水量计算每次水费。

❹ 管养分离：将灌区的渠道运行管理和维修养护分离开。

（二）黄河南岸灌区

黄河南岸灌区是内蒙古自治区 6 个大型引黄灌区之一，由上游的自流灌区和下游的扬水灌区两部分组成，主要作物为玉米、葵花和小麦，属于国家及内蒙古自治区的重要商品粮食基地。灌区位于鄂尔多斯市北部，黄河右岸（南岸）鄂尔多斯台地和库布齐沙漠北缘之间的黄河冲积平原上。灌区西起黄河三盛公水利枢纽工程，东至准格尔旗的十二连城，北临黄河右岸防洪大堤，南接库布齐沙漠边缘，呈东西狭长条带状分布，地理位置为东经 106°42′～111°27′、北纬 37°35′～40°51′。沿黄河东西长约 412km，南北宽 2～40km，由于受山洪沟和沙丘的阻隔，灌区呈不连续状。自流灌区和扬水灌区分别位于杭锦旗和达拉特旗境内。

灌区属典型的温带大陆性气候。春季干燥多风，夏季温热，秋季凉爽，冬季寒冷而漫长，寒暑变化剧烈，土壤冻融期长，降水少而集中，蒸发旺盛，光能资源丰富。灌区地貌形态由洪冲积平原（低缓沙地）和黄河冲积平原（一级、二级阶地）构成。洪冲积平原南与库布齐沙漠相连，北接黄河冲积平原，地形总趋势为南高北低，地面坡度为 1°～3°，地面高程为 1010.00～1060.00m，表土由第四系全新统洪冲积砾石、中细砂、粉细砂、粉砂质黏土组成，南部分布有垄岗状、新月形活动沙丘，沙丘一般高 3～30m；冲积平原沿黄河分布，地势平坦，总趋势为西高东低，地面坡度为 0.5°～3°，微向黄河倾斜，主要由一级、二级阶地组成，其上零星分布有湖沼、洼地，水文地质条件较复杂，含水层较厚，蕴藏丰富的地下水资源。

黄河南岸灌区总土地面积为 717.3 万亩，耕地面积为 267 万亩，2016 年灌溉面积约 139.6 万亩。按水源引水方式灌区分为自流灌区和扬水灌区两部分。自流灌区地处灌区上游，位于杭锦旗境内，2016 年灌溉面积约 40.4 万亩。自流灌区由 5 个灌域组成，从上游至下游依次为昌汉白灌域、牧业灌域、巴拉亥灌域、建设灌域和独贵塔拉灌域。渠系多由干、支、斗、农渠组成，间有渠道越级取水现象。扬水灌区地处灌区下游，位于达拉特旗境内，由 23 处扬水泵站进行提水灌溉，2016 年灌溉面积为 99.2 万亩。扬水灌区由 9 个灌域组成，从上游至下游依次为杭锦淖尔灌域、中和西灌域、恩格贝灌域、昭君坟灌域、展旦召灌域、树林召灌域、白庙子灌域、白泥井灌域、吉格斯太灌域。一些灌域内插花分布数量不等的井灌区，灌溉面积合计 45.3 万亩。渠系由干、支、斗、农渠组成，存在 2 级、3 级提水现象。

经过十多年的大规模改造建设，2016 年自流灌区绝大多数干、支、斗、农、毛渠已实现衬砌，排水沟布局较为合理，灌排建筑物配套基本完备，灌溉和排水条件得到了改善，尤其是灌溉条件改善显著。灌区现有渠道干渠 1 条，

长度为 190.00km；分干渠 2 条，总长度为 45.46km；支渠 51 条，总长度为
250.16km，斗渠以下田间渠道总长度为 1000 多 km；总排干沟 1 条，长度为
62.43km；排水干沟 3 条，总长度为 152.01km；各类建筑物 29820 座。

扬水灌区由 23 处扬水泵站进行提水灌溉，渠系由干、支、斗、农渠组成，
其中干渠 26 条，总长度为 155km；支渠 134 条，总长度为 346.17km；斗渠
400 条，总长度为 446.74km。干渠 2016 年引水流量为 0.125～4.848m³/s，
支渠 2016 年分水流量为 0.125～1.0m³/s。扬水灌区有穿堤涵洞 33 座，交叉
建筑物 2 座，干、支渠进水闸、节制闸 55 座，生产桥 13 座。部分渠道实现衬
砌和建筑物配套。排水系统有总排干沟 1 条，长度为 22.4km；干沟 2 条，总
长度为 20.74km；支沟 13 条，总长度为 35.693km；排水泵 5 座。

（三）镫口扬水灌区

镫口扬水灌区位于大青山南麓土默川平原，在呼和浩特市和包头市之间。
灌区总土地面积为 192 万亩，耕地面积为 146 万亩，设计引黄灌溉面积为 116
万亩。2000 年节水改造规划面积为 67 万亩，其中一级扬水灌溉面积为 57 万
亩，二级扬水灌溉面积为 10 万亩。2012 年实际灌溉面积约 56 万亩，主要承
担包头市九原区、土默特右旗和呼和浩特市土左旗共 21 个乡镇的农田灌溉任
务，是内蒙古自治区重要的粮食、经济作物产区。

灌区系黄河冲积平原，地形由西北向东南倾斜，地面坡降为 1/5000～
1/7000。土壤主要为砂壤土和壤土。土默特右旗 1970—2012 年多年平均年降
水量为 350.7mm，多年平均年蒸发量为 1094mm。

总干渠全长 18.05km，比降为 1/10000，底宽 25m，边坡坡比为 1∶1.5～
1∶1.75，渠深 1.7～3m，设计流量为 50m³/s，加大流量为 60m³/s，其主要
任务是为民生渠、跃进渠输水，主要建筑物有枢纽分水节制闸 1 座、支渠口闸
6 座和退洪闸 4 座。总干渠和五当沟退洪交汇处有交叉涵洞 1 座。民生渠全长
52.6km，设计流量为 30m³/s，加大流量为 36m³/s，承担农田设计灌溉面积
32 万亩，同时还承担哈素海二级灌域 10 万亩农田灌溉和哈素海供水任务。跃
进渠全长 59.85km，设计流量为 20m³/s，加大流量为 23m³/s，承担农田设计
灌溉面积 24 万亩。

（四）民族团结灌区

民族团结灌区位于黄河左岸，地理位置为东经 110°7′～110°30′、北纬
40°5′～40°24′，东西长 50km，南北宽 13km，灌域包括 2 镇 1 乡 203 个自然
村，总人口 7.9 万人，农业人口 7.9 万人。灌区总土地面积为 74.7 万亩，耕
地面积为 46 万亩，设计灌溉面积为 31.2 万亩，有效灌溉面积为 30.26 万亩，
2016 年实际灌溉面积为 22.5 万亩。

灌区建成于 1958 年，1963 年由自流灌溉改为柴油机扬水灌溉，1966 年由柴油机扬水灌溉改为现在的电力扬水灌溉。1975 年增设民利泵站，2013 年完成民族团结泵站与民利泵站更新改造。两泵站均为岸边临时浮动式泵船扬水泵站。浮船泵站现有钢船 14 艘（其中泵船 6 艘、变压器船 2 艘、驮管船 6 艘），机泵 24 台（套）；变压器容量为 4800kVA，总动力为 3168kW；多年平均年扬水量为 10924 万 m³。灌区现有总干渠及干渠 4 条，长 110.54km，已衬砌 57.59km；支渠及干斗渠 22 条，长 128.8km；支渠及以上建筑物 169 座。

（五）李井滩扬水灌区

李井滩扬水灌溉工程从宁夏中卫市北干渠二号跃水处取水，经四级泵站扬水到李井滩扬水灌区，总扬程为 238m，净扬程为 208m，设计流量为 5m³/s，加大流量为 6m³/s。灌区有扬水泵站 4 座；输水干渠 4 条，全长 43.51km；渡槽 5 处，总长 1990m；涵闸等建筑物共 26 座。灌区有支干渠 2 条，总长 20.5km；支渠 5 条，总长 26.83km；斗渠 6 条，总长 175.42km。灌区规划面积为 24.6 万亩，设计灌溉面积为 17.2 万亩。灌区 2016 年引水指标为 5000 万 m³/a。

（六）巴音陶亥灌区

巴音陶亥灌区位于黄河中上游，是乌海市最大的扬水灌区。该灌区在乌海市海南区巴音陶亥乡境内。东靠鄂尔多斯市鄂托克旗，西临黄河与宁夏石嘴山市隔河相望，北至渡口村，南至都斯兔河。地理位置为东经 106°50′～107°06′、北纬 39°00′～39°10′。地面高程为 1109.00～1099.00m，地形变化较大，总趋势由东北向西南倾斜，地面坡降为 1/1500～1/5000。巴音陶亥灌区现有灌溉面积 0.15 万 hm²，灌溉方式为扬水泵站提黄河水进行灌溉。一级扬水泵站建于 1966 年，装机容量为 1085kW，扬程为 19m，总提水流量为 2.0m³/s，二级扬水泵站建于 1968 年，装机容量为 850kW，扬程为 22m。灌区输水渠道总长度为 153.266km，其中一级干渠 1 条，总长度为 21.102km，二级干渠 3 条，总长度为 21.974km，支渠 82 条，总长度为 65.49km，斗渠 122 条，总长度为 44.707km，农渠 55 条，总长度为 18.32km。渠系建筑物共 115 座，其中分水闸、节制闸 64 座，桥 30 座，倒虹吸 21 座，支渠、斗渠及农渠长 113.68km。

（七）麻地壕扬水灌区

麻地壕扬水灌区始建于清朝乾隆年间，1966 年渠系工程基本形成，1976 年改扩建后初具规模。麻地壕扬水灌区隶属于内蒙古呼和浩特市托克托县政府，管理单位是内蒙古托克托县黄河灌溉总公司。1979 年成立托克托县麻地壕扬水灌区管理局，1984 年改名为托克托县麻地壕扬水灌区总站，1992 年改名为托克托县黄河灌溉总公司，县政府体制改革定性为企业。

麻地壕扬水灌区包括两个灌域（包括大黑河河道），总土地面积为123.54万亩，设计灌溉面积为53.02万亩，其中黑河水灌溉面积为7.45万亩。经多年建设，灌区现已建成总干渠1条，干渠2条、分干渠5条，支渠85条，支渠以上渠道总长度为373.50km，骨干渠系建筑物488座；排水骨干工程现有总干沟（大黑河故道）1条，经过灌区内长31km，干沟、分干沟（包括什拉乌素河、哈素海退水渠）4条，支沟以上排水沟总长度为51.10km。目前，大井壕灌域完成了西一、西二分干渠部分渠段的衬砌，西一分干左五支渠、崞县营支渠的衬砌；丁家圪灌域完成了东三分干渠宝号营站后下游部分渠段的衬砌，东二分干渠太水营支渠、东三分干左七支渠、东三分干北斗干斗渠的衬砌。灌区在渠首工程方面，现已完成麻地壕泵站的机械维修和节能改造，对泵房及部分水工建筑物进行了改建与补修；完成了衬砌渠段的建筑物维修与配套；支渠以上骨干渠系上的5级以上扬水泵站的节能改造和泵房维修也基本完成；新建改建渠系建筑物105座、维修渠系建筑物43座，维修及节能改造泵站12座，完成了麻地壕、丁家圪等2座变电站的节能改造。

三、水资源开发利用现状

内蒙古黄河流域主要包括乌海市、鄂尔多斯市、巴彦淖尔市大部分和呼和浩特市部分、包头市部分、乌兰察布市部分、阿拉善盟部分，该区水资源较匮乏、生态环境较脆弱，水资源紧缺已成为该区经济社会发展的重要制约因素。同时该区集中分布了河套、黄河南岸、镫口、民族团结、麻地壕和大黑河六个大型灌区，是农田灌溉面积比较集中的地区，也是社会经济用水大户。特别是黄河干流区有5个大型灌区直接从黄河引水，农田灌溉面积集中，人口、城市、工业密集，城市和工业用水与农田灌溉用水之间的争水矛盾突出。

农牧业上，根据水资源条件，合理配置水资源，协调生产、生活、生态用水，科学确定水土资源开发和灌溉发展规模，因地制宜地压缩耗水量大的作物种植比例，发展耐旱高产品种，发展生态农牧业，减少农牧业面源污染。对现有六个大型灌区实施节水改造配套建设，采用先进高效的节水措施，提高灌溉用水效率，提升灌溉水平；大型灌区实施节水改造后，节余水量不再扩大灌溉面积，部分节水量通过水权转换方式，跨区域、跨行业转换，优化水资源配置。继续推进"西部节水增效"工程建设，采用先进高效的节水措施，提高灌溉用水效率，扩大高效节水灌溉面积。积极推广覆盖集雨、保护性耕作和深松蓄水保墒等旱作节水技术，建设一批旱作节水灌溉示范区，提高降水利用率。积极推进水权转换工作，在保障灌溉面积、灌溉保证率和农民利益的前提下，建立健全工农牧业用水水权转换机制。

工业上，按照国家西部大开发规划、呼包鄂经济"金三角"规划，构建水资源优化配置与高效利用体系，合理配置本地水、外调水和非常规水源等各类水源。加快对高耗水行业实施节水技术改造，重点发展低用水、高附加值产业，严格控制新建高用水项目，鼓励大型高用水企业向水资源相对丰富的地区转移。积极发展循环经济，推进清洁生产，提高污水处理率和再生水利用率，培育一批循环经济示范行业和园区。全面实行最严格的水资源管理，开展废水"零排放"示范企业创建活动，树立一批行业"零排放"示范典型，加快建立科学的水资源开发利用与保护机制。加大再生水、微咸水等非常规水源利用力度，建立激励机制，鼓励企业优先使用非常规水源，加快建设一批综合利用示范工程。

根据《内蒙古自治区水资源公报》(1998—2017 年)统计数据，内蒙古黄河流域 1998—2002 年、2003—2013 年、2014—2017 年多年平均水资源总量分别为 44.70 亿 m^3、45.94 亿 m^3 和 45.84 亿 m^3，其中地表水资源量分别为 11.74 亿 m^3、13.07 亿 m^3 和 9.78 亿 m^3，地下水资源量分别为 54.24 亿 m^3、47.22 亿 m^3 和 46.14 亿 m^3。

(一) 供水量

根据《内蒙古自治区水资源公报》(1998—2017 年)统计数据，内蒙古黄河流域 1998—2017 年供水量变化如图 2-1 所示。2003 年以前，地表水供水量呈现下降的趋势，降低率为 2%，其中 2000 年供水量最大，为 65.56 亿 m^3；2003—2013 年，地表水供水量变化趋势为先上升后下降，其中 2007 年供水量最大，为 65.29 亿 m^3，2012 年供水量最低，为 54.89 亿 m^3；2013 年以后，

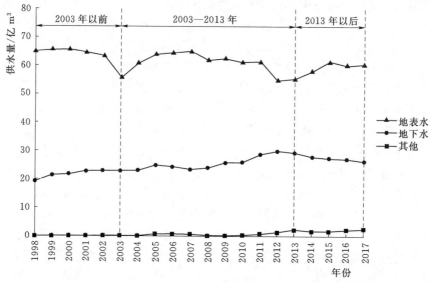

图 2-1　内蒙古黄河流域 1998—2017 年供水量变化图

地表水供水量仍然呈现先上升后下降的趋势，其中 2015 年供水量最大，为 61.44 亿 m³。1998—2017 年地下水供水量整体呈现先上升后下降的趋势，增长率为 3%，降低率为 2%，其中 2012 年地下水供水量最大，为 30.04 亿 m³。1998—2017 年，其他水源的供水量整体呈现上升的趋势。

（二）用水量

根据《内蒙古自治区水资源公报》（1998—2017 年）统计数据，内蒙古黄河流域 1998—2017 年各行业用水量变化如图 2-2 所示。2003 年以前，农业用水量变化趋势为先上升后下降，1999 年用水量最大，为 80.55 亿 m³；2003—2013 年农业用水量起伏变化较大，平均用水量为 73.90 亿 m³；2013 年以后，农业用水量呈现先上升后下降的趋势，2015 年用水量最大，为 75.58 亿 m³。1998—2013 年，工业用水量呈现整体上升的趋势，增长率为 7%；2013 年以后，工业用水量呈现下降的趋势，降低率为 5%。居民生活用水量在 2003 年以前、2003—2013 年、2013 年以后三个阶段分别呈现上升的趋势，增长率分别为 19%、4%、4%。生态用水量在 2003—2013 年呈现先上升后下降的趋势，其中 2012 年用水量最大，为 3.22 亿 m³；2013 年以后生态用水量呈现先上升后下降的趋势，其中 2016 年用水量最大，为 3.69 亿 m³。

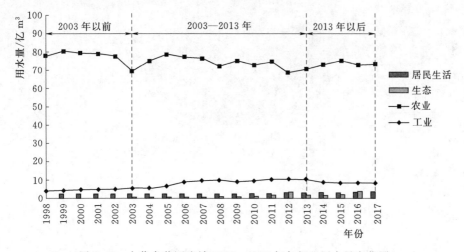

图 2-2　内蒙古黄河流域 1998—2017 年各行业用水量变化图

（三）用水结构

根据《内蒙古自治区水资源公报》（1998—2017 年）统计数据，内蒙古黄河流域于 2003 年之前无城镇公共用水量和生态用水量相关资料。图 2-3 反映了内蒙古黄河流域 1998—2002 年农业用水量、工业用水量、居民生活用水量分别占总用水量的 91.2%、5.3% 和 3.5%。图 2-4 反映了内蒙古黄河流域

2003—2017 年农业用水量、工业用水量、城镇公共用水量、居民生活用水量及生态用水量分别占总用水量的 84.13%、10.04%、1.19%、3.02% 和 1.62%。

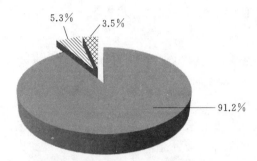

图 2-3　内蒙古黄河流域 1998—2002 年各行业用水量
占总用水量的百分比

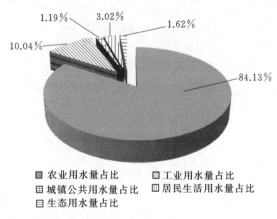

图 2-4　内蒙古黄河流域 2003—2017 年各行业用水量
占总用水量的百分比

(四) 耗水量

根据《内蒙古自治区水资源公报》(1998—2017 年) 统计数据，内蒙古黄河流域 1998—2017 年耗水量变化如图 2-5 所示。2003 年以前，耗水量呈现先上升后下降的趋势，其中，2002 年耗水量最高，为 50.95 亿 m³；2003—2013 年，耗水量呈现波动起伏的趋势，其中，2011 年耗水量最多，为 54.41 亿 m³；2013 年以后，耗水量呈现先上升后下降的趋势，其中，2015 年耗水量最高，为 53.82 亿 m³。

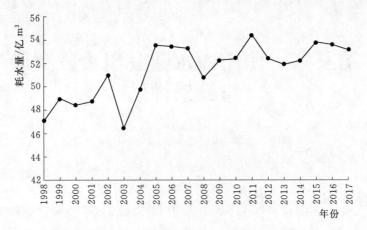

图 2-5 内蒙古黄河流域 1998—2017 年耗水量变化图

综上所述，内蒙古黄河流域范围内供水主要以地表水为主，农业用水占绝对的主导地位。通过对用水大户、效率较低的农业灌溉施以节水改造，节约农业灌溉用水，在确保农业发展的前提下将多余水量通过水权有偿转让的方式转换给沿黄电力及煤化工等工业，解决沿黄地区工业发展水资源短缺的问题。

提高水资源利用效率和效益是节水型社会建设的核心目标，节水重大工程、节水基础设施建设以及各类节水示范区是提高水资源利用效率和效益的重要载体，因此，要全面加大农牧业、工业、生活等各行业的节水力度，建立全社会、全领域、全方位的立体节水模式。

第三章 盟市内水权交易工程实施与效果评估

一、水权交易概况

内蒙古自治区人民政府高度重视水资源管理问题，自 2003 年起，在水利部和黄委会的大力支持和指导下，率先在阿拉善盟、鄂尔多斯市、包头市等地区开展了盟市内"点对点"水权转让试点工作，进而完成了将农业用水指标转让为工业项目用水的水权转让工作，截至 2013 年 6 月，盟市内水权转让项目已有 41 项，转换水量 3.32 亿 m^3，解决了 40 多个工业项目用水需求，为沿黄灌区筹措了 30 多亿元节水改造资金，显著提升了沿黄灌区用水效率，同时实现了逐年降低引黄水量至分水计划指标红线内的目标。这一时期的内蒙古黄河流域水权工作主要聚焦于灌区节水改造、盟市内水权转让、水权制度建设等方面。从水权转换到水权有偿转让的探索实践，初步形成了"政府主导、企业申报、灌区节水、有偿转让"的水权转让模式，取得了"多赢"效果，形成了工业反哺农业，农业支持工业，经济社会、资源环境协调发展的良性运行机制，走出了一条成功解决干旱缺水地区经济社会发展用水的新路。这也为后期内蒙古黄河流域沈乌灌域水权试点工作的开展奠定了良好的基础。

在 2003—2013 年的十年间，内蒙古自治区主要完成了以包头市黄河灌区、鄂尔多斯市黄河南岸灌区、阿拉善盟孪井滩扬水灌区等为核心的水权转让的节水工程以及配套工程建设，彻底改变了内蒙古黄河流域灌区水资源利用水平低下的状态，显著提升了灌区农业用水效率与灌溉保证率。在保证农牧业连续十几年丰收的基础上极大满足了工业发展需求，实现了水资源高效利用与配置，有效推动了区域经济、社会、生态可持续发展。

（一）阿拉善盟孪井滩扬水灌区水权转换项目

乌斯太热电厂位于内蒙古自治区的最西部，是蒙西电网最西端的一座大型热电厂，作为内蒙古自治区"十一五"规划的电源项目，对电网结构平衡起到重要支撑作用。乌斯太热电厂也是阿拉善盟地区唯一热电联产项目、唯一集中供热热源点，承担着乌斯太镇、工业园生活区的集中供暖任务，被内蒙古自治区经信委确认为热电联产机组。

针对乌斯太热电厂 2×300MW 空冷发电供热机组项目的水权转换需求，

根据《内蒙古自治区人民政府批转自治区水利厅关于黄河干流水权转换实施意见（试行）的通知》（内政字〔2004〕395号）精神，2004年阿拉善盟行政公署启动孛井滩扬水灌区向乌斯太经济开发区工业项目进行水权转换，具体措施为：对孛井滩扬水灌区17.33km支渠和249km农渠进行防渗衬砌，将节约的水量有偿转换给乌斯太热电厂，以满足该项目的用水需求。2005年5月13日，水利部黄河水利委员会以黄水调便〔2005〕24号函同意乌斯太电厂2×300MW空冷发电供热机组项目用水指标以阿拉善盟孛井滩扬水灌区水权转换的方式获得，年取黄河水量为263万 m^3。内蒙古自治区水利厅于2007年12月批准了《孛井滩扬水灌区向乌斯太热电厂2×300MW空冷发电供热机组工程实施水权转换节水改造工程初步设计》。项目总投资为2784.99万元，其中节水改造工程费1856.74万元，25年运行维护费928.25万元。该项目已于2013年5月全部完成并通过验收，并于2014年10月29日完成了水权转换工程核验工作，取得了黄委会出具的《内蒙古乌斯太热电厂2×300M水权转换黄河阿拉善盟孛井滩扬水灌区节水改造工程核验意见》。内蒙古自治区发展改革委向黄委会出具了认可函。现乌斯太热电厂已经核准，取水许可证已于2016年下发，批复年用水量为263万 m^3。

乌斯太热电厂是内蒙古自治区唯一一家拥有300MW火电机组两个A级机组的热电厂，也是西部地区唯一一家整体实现国家烟气达标排放、绿色发展的热电厂。乌斯太热电厂2×300MW空冷燃煤机组是乌斯太经济开发区集供电、供气、供热为一体的机组。这个电厂的投用，取代了开发区传统高耗能、高污染的小锅炉14台，每年为园区节约小锅炉运营成本7000万元，节约标煤6万 t/a，减少二氧化碳排放16万 t/a，减少二氧化硫排放1.1万 t/a，同时，保障着园区内8家工业企业的生产用气及居民冬季取暖。乌斯太热电厂水权转换项目是内蒙古自治区水权转换首批试点项目，更是阿拉善盟工业项目中第一个完成黄河水权转换工作，并获得黄河水权指标和取水许可的项目。该项目的完成，不仅标志着阿拉善盟水权转换工作取得了实质性成果，同时也为进一步破解"水困"瓶颈打开了突破口，更为下一步开展跨盟市水权转让工作积累了宝贵经验。

（二）乌海市神华乌海煤焦化水权转让项目

神华乌海能源有限责任公司（以下简称"乌海能源公司"）隶属于神华集团有限责任公司。乌海能源公司是一个集煤炭生产、洗选、焦化、煤化工及矸石发电为一体的多业并举、循环发展的综合性能源企业。公司产品以主焦煤、1/3焦煤、高热混合冶金焦、煤焦油、甲醇为主。

针对神华乌海煤焦化50万t甲醇项目用水指标需求，依据《内蒙古水权转让总体规划》《内蒙古自治区盟市间黄河干流水权转让试点实施意见（试行）》等文件精神，神华乌海煤焦化 50 万 t 甲醇项目水权转让节水改造项目实施地点为海勃湾区新地灌区和海南区巴音陶亥灌区，由海勃湾区农牧林水局和海南区水利局实施，2010 年 11 月黄委会批复了神华乌海煤焦化 50 万 t 甲醇项目的水权转让可行性研究及水资源论证报告，从海勃湾区新地灌区及海南区巴音陶亥灌区转让水量 421.3 万 m³。项目依托鄂尔多斯市鄂绒取水口取水，净水厂已建设完成。2012 年 12 月，内蒙古自治区水利厅对该项目灌区节水工程初步设计进行了批复，设计总投资 5575.9 万元，每年节水 526.83 万 m³。主要对海勃湾区新地灌区 7 条干渠（14.94km）进行管道输水改造和防渗衬砌改造；对海南区巴音陶亥灌区 3 条干渠（40.83km）进行防渗衬砌。工程实施后可提高海勃湾区巴音乌素村、新丰村、新地村和海南区巴音陶亥镇农业灌溉输水效率、农田灌溉水有效利用系数，年节水量为 526.83 万 m³，转让给乌海能源公司 421 万 m³ 生产用水。

2013 年 12 月，乌海能源公司与海勃湾区新地电灌站、海南区巴音陶亥电灌管理总站签订了正式的水权转让协议，工程于 2014 年开工建设，2015 年 11 月全线完工，2015 年 12 月竣工验收。该项目的完成，不仅为乌海市打开了通过水权转让破解水资源供需矛盾的新途径，也丰富了"点对点"的盟市内水权转让模式，为开展跨盟市水权转让工作积累了宝贵经验。

（三）鄂尔多斯市水权转让一期工程

鄂尔多斯市自然资源富集，煤炭已探明储量 1496 亿 t，占全国的 1/6。天然气探明储量 8000 多亿 m³，占全国的 1/3。然而，鄂尔多斯市水资源匮乏，属资源性、工程性和结构性缺水并存的地区。全市水资源可利用总量为 20.17 亿 m³，水资源人均占有量为 1040m³，远低于全国、全区平均水平。作为国家重要的能源化工基地，自 2000 年以来，一大批煤电、煤化工项目落户鄂尔多斯市。新增工业项目对水资源的需求急剧增加，供需矛盾日益突出。提高水资源利用率成为新时期发展经济特别是工业经济的新要求。通过用水企业投资对灌区进行节水改造，在确保农业灌溉用水的基础上，把输水过程中浪费的水资源节约下来，有偿转让给工业项目，以农业节水支持工业发展用水。水权转让在鄂尔多斯市开辟了一条解决工业项目用水短缺、调整工农业用水结构、促进工农业协调发展的有效途径。2003 年 6 月，黄委会批准了鄂尔多斯市黄河水权转让一期工程规划，规划转让水量为 1.3 亿 m³/a，规划建设期为 2005—2007 年。

鄂尔多斯黄河南岸灌区位于杭锦旗与达拉特旗境内。黄河南岸灌区总灌溉面积为 139.62 万亩。水权转让一期工程在黄河南岸灌区 32 万亩自流灌区实施，工程于 2005 年 3 月开工建设，2008 年 9 月全面完工，完成投资 7.02 亿元。共完成渠道衬砌 1584.69km，其中总干渠衬砌 133.124km，分干渠衬砌 32.46km，支渠衬砌 214.284km，斗渠衬砌 304.191km，农渠衬砌 850.531km，毛渠衬砌 50.1km，详见表 3-1，配套各级渠系建筑物 51125 座。工程于 2010 年 1 月通过竣工验收，2011 年 9 月完成核验。

表 3-1　　　　　一期工程项目设计批复与实际建设完成情况对照　　　　单位：km

项　目		鄂绒硅电	达电四期	亿利一期	亿利二期	大饭铺电厂	魏家峁电厂	新奥煤化工业	2007年统一建设项目	合计
初设批复	合计	42.117	45	17.677	124.128	80.21	75.67	60.851	1100.587	1546.24
	总干渠	42.117	45	17.677			21		7.33	133.124
	分干渠							12.66	19.8	32.46
	支渠				46.883	8.14	14.04	7.971	137.25	214.284
	斗渠				27.305	11.35	16.43	20.55	228.556	304.191
	农渠				49.94	5.72	24.2	19.67	707.651	807.181
	毛渠					55				55
实施完成	合计	42.117	45	17.677	124.128	75.31	73.49	56.071	1150.897	1584.69
	总干渠	42.117	45	17.677			21		7.33	133.124
	分干渠							12.66	19.8	32.46
	支渠				46.883	8.14	14.04	7.971	137.25	214.284
	斗渠				27.305	11.35	16.43	20.55	228.556	304.191
	农渠				49.94	5.72	22.02	14.89	757.961	850.531
	毛渠					50.1				50.1
增减	合计	0	0	0	0	-4.9	-2.18	-4.78	50.31	38.45
	总干渠	0	0	0	0	0	0	0	0	0
	分干渠	0	0	0	0	0	0	0	0	0
	支渠									
	斗渠				0		0		0	0
	农渠						-2.18	-4.78	50.31	43.35
	毛渠					-4.9				-4.9

（四）鄂尔多斯市水权转让二期工程

鄂尔多斯市水权转让一期工程实施后，受国际能源市场以及我国能源战略影响，鄂尔多斯市的能源产业用水需求仍然未能得到满足，直接制约了区域产业结构调整，威胁国家能源安全。因此，2009 年，鄂尔多斯市启动实施了引黄灌区水权转换暨现代农业高效节水工程，即鄂尔多斯市水权转让二期工程。二期工程是在一期工程基础上实施的一项高效农业节水工程，主要建设内容是南岸 57.16 万亩扬水灌区泵站整合、渠道衬砌和整个南岸引黄灌区田间节水工程（喷灌、滴灌、畦田改造）。通过引进先进的喷灌、微灌高效节水技术设备和现代管理信息化系统，对引黄灌区进行以节水为中心的高效节水技术装备和改造配套建设，提升灌区的灌溉水平和农业生产水平，为现代农业建设目标的全面实现奠定基础，促进引黄灌区农村农业向集约化、现代化发展。同时以水权、水市场理论为指导，依靠高效节水现代农业、经济结构调整推动区域用水结构调整，发挥市场资源配置功能，实现水资源向高效率、高效益行业转让。

2009 年 8 月黄委会以黄水调〔2009〕46 号文批准了《鄂尔多斯市引黄灌区水权转换暨现代农业高效节水工程规划》，2009 年 10 月黄委会以黄水调〔2009〕65 号文批准了《鄂尔多斯市引黄灌区水权转换暨现代农业高效节水工程可行性研究》。2014 年 4 月黄委会以〔2014〕176 号文批准了《鄂尔多斯市引黄灌区水权转换暨现代农业高效节水工程调整方案》。鄂尔多斯市水权转让二期工程于 2010 年 3 月全面开工建设，2017 年 4 月通过竣工验收，2017 年 9 月完成核验，规划总投资 16.97 亿元，共完成投资 16.5 亿元。主要建设内容有：11 座一级泵站和 10 座二级、三级泵站提升改造，衬砌各级渠道 997km，渠灌改喷灌完成 9.7 万亩，渠灌改滴灌完成 20.1 万亩，地下水大棚滴灌完成 1.75 万亩，畦田改造完成 44.16 万亩，井渠结合灌区完成渠道衬砌长度 304.98km、面积 14.28 万亩，灌区的粮经草种植比例已经由 2009 年的 64：26：10 调整为 2016 年的 45：30：25，杭锦自流灌区完成 1 个引水口和 6 个退水口的自动监测系统建设，达拉特旗扬水灌区完成昭君灌域自动监测系统建设，建成支渠流量监测点 20 处。详见表 3-2。

表 3-2　二期工程实际完成的各类节水措施及节水量与规划情况对照

灌域	节水措施	规划工程量	完成工程量	亩均节水量 /m³	规划节水量 /万 m³	完成节水量 /万 m³
	合计				12205	12333
自流灌区	小计				5539	5727
	渠道衬砌/km	251.15	252		658	660
	喷灌/万亩	6.25	6.46	148.15	926	957
	大田滴灌/万亩	8.48	8.5	181.48	1539	1543
	地下水大棚滴灌/万亩	1.58	1.58	210.38	332	332
	畦田改造/万亩	25.64	27.51	81.26	2084	2235

续表

灌域	节水措施	规划工程量	完成工程量	亩均节水量/m³	规划节水量/万 m³	完成节水量/万 m³
	小计				4251	4191
	渠道衬砌/km	740.01	745		1938	1992
扬水灌区	喷灌/万亩	3.1	3.24	96.3	299	312
	大田滴灌/万亩	11.77	11.6	107.41	1264	1246
	地下水大棚滴灌/万亩	0.17	0.17	210.38	36	36
	畦田改造/万亩	19.64	16.64	36.33	714	605
种植结构调整					2415	2415

为配合水权转让二期工程建设，鄂尔多斯市整合捆绑现代农牧业示范基地建设、高效节水灌溉等项目。作为政府配套投资，实施了白泥井应急抗旱补水工程、达拉特旗 2013 年"四个千万亩"节水灌溉工程，实施了杭锦旗、达拉特旗 2013 年土地出让金项目，配套了喷灌机购置、电力工程建设等项目，共完成投资 2.02 亿元。以上项目已全部通过竣工验收。

全灌区建成喷、滴灌面积 30 万亩，为使喷、滴灌工程永续利用并发挥良好效益，专门针对喷、滴灌工程制定了一套行之有效的管理方法。例如，在杭锦旗，喷灌项目主要在流转后的土地实施，业主为企业和种植大户，以沉砂池为单位，成立灌溉用水小组，配备专职灌溉管理人员，建立和健全规章制度，明确了操作规程，并以滴灌系统为单元，统一种植，统一施肥，统一灌溉。

为实现对灌区信息采集的自动化、信息管理的规范化、决策的智能化，全面提升鄂尔多斯市灌区管理水平，鄂尔多斯市在黄河南岸灌区范围内建立引水、退水、地下水、土壤墒情等各类信息的监测站网，对各监测站配备相应的监测设备；对重要的干、支渠引水口、退水口配备远程闸站监控设施；建设安全可靠的信息传输系统、稳定安全的数据存储系统、具有决策支持功能的管理决策支持系统等。信息化系统总体组成可分为四级远程监控系统、四级网络传输系统和现地采集系统三部分。

（五）包头市黄河灌区水权转让一期工程

随着包头市经济社会的快速发展，水资源供需矛盾日益突出，尤其沿黄地区用水现以农业灌溉为主，造成黄河用水结构不合理、节水灌溉资金短缺，节水工作发展滞后，使沿黄部分地区存在着新上项目无新增取水许可指标，工业发展后续水源不足的问题。包头市于 2011 年开展了黄河灌区水权转让一期工程。2011 年 9 月 15 日，水利部黄河水利委员会以黄水调〔2011〕43 号文批复了《包头市黄河灌区水权转让一期工程规划报告》。一期工程规划范围为包头市境内的镫口扬水灌区及民族团结灌区，灌区总土地面积为214.70万亩，总耕地面积为155.12万亩，2016年总灌溉面积为66.00万亩。其主要建设任务是合理进行灌溉渠道工程布局，对镫口扬水灌区和民族团结灌区总干渠、干渠、支渠、斗渠、农渠进行防渗衬砌，对灌溉渠道的建筑物进行全面配套。

镫口扬水灌区设总干渠1条，长度为18.05km；干渠2条，即民生干渠和跃进干渠，民生干渠土默特右旗境内长度为39.00km，跃进干渠土默特右旗境内长度为52.80km。同时结合2016年运行情况，对灌溉面积小于1000亩的支渠（干斗渠）进行整合，共布置支渠（干斗渠）40条，其中镫口扬水灌区有28条。总干渠下设支渠3条（长度为23.10km），民生干渠下设支渠22条（长度为127.60km），其中包头土默特右旗境内12条（长度为66.52km），跃进干渠下设支渠15条（长度为85.95km），其中包头土默特右旗境内13条（长度为72.35km）。民族团结灌区设总干渠1条，干渠3条，即北干渠、团结干渠、民利干渠。全灌区设总干渠1条，干渠3条，支渠（干斗渠）64条。总干渠堤内长度为9km，下设支渠3条，长度为20.41km；北干渠从民族团结扬水泵站取水，堤内长度为32.19km，下设支渠（干斗渠）25条，长度为57.65km；团结干渠长度为34.26km，下设支渠（干斗渠）16条，长度为94.45km；民利干渠长度为33.62km（含上接段11.72km），下设支渠（干斗渠）18条，长度为63.20km。

渠道衬砌结构为全断面膜料防渗、混凝土板护坡、渠底素土回填保护型式。镫口扬水灌区所属干渠与团结干渠采用梯形断面，全断面采用聚乙烯薄膜防渗，边坡采用预制混凝土板护砌，渠底采用素土作保护层，防冻胀采用保温板。北干渠、民利干渠和流量大于$2.0m^3/s$以上的支渠采用适应冻胀变形能力较强的弧形坡脚梯形断面，全断面采用聚乙烯薄膜防渗预制混凝土板护砌结构，防冻胀采用保温板。斗渠、农渠采用U形槽。镫口扬水灌区和民族团结灌区各级渠道经过衬砌后，渠道水利用系数均有了很大的提高，渠道水利用系数提高幅度为1%～16%；田间水利用系数由2016年的0.7提高到0.9，灌溉水利用系数提高幅度分别为27%和38%。

镫口扬水灌区和民族团结灌区2016年灌溉面积分别为43.50万亩（含9.50万亩井渠结合灌区）、22.50万亩，实施工程节水措施后总的节水量为9011.17万m^3，其中镫口扬水灌区渠道衬砌工程节水量为4830.98万m^3，民族团结灌区渠道衬砌工程节水量为4180.19万m^3。扣除大型灌区衬砌工程对应的节水量后镫口扬水灌区和民族团结灌区渠道衬砌工程节水量分别为4637.69万m^3、3502.92万m^3，合计8140.61万m^3。黄委会已批复了一期工程水权转换的6个项目，分别是华电包头土右电厂2×600MW项目、包铝自备电厂（包头东河热电厂）4×300MW项目、海平面40万t/aPVC联产项目、神华神东电力土右电厂2×300MW项目、包头泛海180万t/a煤制甲醇项目和包头大青山水源工程项目。包头黄河灌区拟建工业项目的水权转让工程批复情况见表3-3。

表3-3　　包头黄河灌区拟建工业项目的水权转让工程批复情况

序号	项 目 名 称	原规划水量/万 m³	项目可研批复水量/万 m³	项目可研批复情况	节水工程实施灌区
1	海平面40万t/a PVC联产项目	846.15	846.15	黄委会已批复	民族团结
2	包头泛海180万t/a煤制甲醇项目	1533.00	1533.00	黄委会已批复	民族团结
3	神华神东电力土右电厂2×300MW项目	23.28	19.40	黄委会已批复	镫口
4	包头大青山水源工程项目	1995.57	2300.00	黄委会已批复	镫口、民族团结
5	包铝自备电厂（包头东河热电厂）4×300MW项目	564.00	179.40	黄委会已批复	镫口
6	华电包头土右电厂2×600MW项目	538.00	328.40	黄委会已批复	镫口
7	蒙汉实业100万t/a PVC及72万t烧碱项目	1300.00	0	项目暂停未批复	镫口
8	已批复水量		5206.35		
	剩余水量		1593.65		
	合计		6800.00		

包头市引黄灌区水权转让项目主要以电力、煤化等工业项目为主，按目前的用水水平分析，这一地区的万元工业产值取水量为75m³/万元。水在工业产值的分摊系数取2.0%，节水效益为18133.33万元；农田面积维持2016年的66万亩不增加，种植结构由2016年的粮经比7:3调整为粮经草比49:21:30，年可增加产值10898万元，按灌溉效益系数分摊后工程年灌溉效益为1880.20万元；节水改造后，引黄灌区生态环境明显好转且地下水位降低。初步预测，水权转让的实施使包头生态环境得到明显改善，渠道两侧大片的积水水面已经消失，灌区土壤盐碱化情况明显好转，一些原来由于土壤盐碱化而弃耕的土地恢复了耕作，当地的地表生态系统也得到恢复，取得了良好的生态效益。

综上来看，包头市引黄灌区水权转换节水改造工程的实施，解决了包头市部分新建工业项目的用水，为拓宽地区经济提供了发展空间；引黄灌区灌溉工程得到了大幅度改善，提升了灌区的灌溉水平；拓展了水利基础设施的融资渠道，为引黄灌区节水改造解决了资金来源；走出了解决干旱缺水地区经济社会发展的用水新路。灌区农民用水权益得到了保障，全社会节水意识提高，节水型社会建设步伐加快。工程的实施不但具有显著的节水效益，还具有巨大的经济、社会效益和显著的环境效益。

二、实施效果评估

孪井滩扬水灌区进行节水改造后，年节水量可达 319 万 m³，转换给乌斯太热电厂 263 万 m³ 生产用水；乌海市海勃湾区新地灌区和海南区巴音陶亥灌区进行节水改造后，年节水量可达 526.83 万 m³，转换给乌海能源公司 421 万 m³ 生产用水；镫口扬水灌区和民族团结灌区进行节水改造后，年节水量可达 8140.61 万 m³，转换给华电包头土右电厂、神华神东电力土右电厂等六家企业 5206.35 万 m³；鄂尔多斯市黄河南岸灌区水权转让一期工程，自流灌区年节水量可达 1.46 亿 m³，年可转让水量 1.3 亿 m³，为 26 个工业项目提供了用水指标。灌区农民得到了实惠，渠道衬砌后，灌水时间由原来的 15d 缩短到 5～7d；亩均水费减少了 18 元（270 元/hm²），比原来节省了 1/3。通过各灌区水权转让一期工程的实施，保障了农业、工业协调发展，实现了多赢目标。

通过鄂尔多斯市水权转让二期工程的实施，实现了"农业节水，工业用水，富一方百姓，强一域经济"的多赢目标，产生了巨大的经济、社会效益。

（1）为重大工业项目提供了用水，促进了区域经济快速发展。水权转让二期工程完成后可向工业转让水量近 1 亿 m³，满足了 16 个工业项目的用水需求，这些项目投产后每年可增加工业产值 840 亿元，年增加利税约 80 亿元。

（2）拓宽了水利工程建设融资渠道。国家大型灌区续建配套与节水改造项目从 1999 年至 2016 年在黄河南岸灌区共投入资金 3.72 亿元，工程建设进度较慢，而两期水权转让工程共完成投资 23.52 亿元，是国家投资的 6.3 倍，从根本上改变了黄河南岸灌区的面貌。

（3）降低了农民水费支出和灌溉劳动力投入，增加了农民收入，促进了农民参与灌溉管理。以杭锦旗巴拉贡镇朝凯村二社滴灌项目区为例，该社灌溉面积为 968 亩，种植制种玉米。项目建成后，村民成立灌溉用水小组，配备 4 名专职人员统一负责灌溉管理，较原来节省劳动力 41 人。年节约用水量 28.8 万 m³，水价 0.104 元/m³，减少水费支出 29952 元；通过滴灌统一灌溉施肥，每亩节省化肥费用 90 元，减少化肥费用支出 87120 元；鄂尔多斯市政府节水补贴为 25 元/亩，扣除增加电费 1.98 元/亩，每亩实际补贴 23.02 元，可增收 22283 元；滴灌实施后，每亩增加产量 160kg，每千克 1.4 元，可增收 216832 元。以上几项合计增收 356187 元，每亩增收 368 元。该社共有 219 人 45 户，人均增收 1626 元，户均增收 7915 元。

（4）推进了灌区管理制度改革。随着水权转让二期工程的建设，在灌区积极推进管理体制改革。在杭锦旗自流灌区进行水价改革，经内蒙古自治区发展改革委以内发改价字〔2015〕852 号文批复，将杭锦旗自流灌区农业灌溉水价由原来的 0.054 元/m³ 提高到 0.104 元/m³，利用经济杠杆促进节水。同时，自流灌区实行"收支两条线"管理制度,水费按自治区核定水价标准足额上缴财政,管理单位运行管理经费纳入市旗两级财政预算管理,市财政每年补助500万元。达拉特旗于2010年成立了扬水灌区管理局,将原来由乡村分散管理的泵站改为由管理局统一管理,运行管理单位为全额事业单位。在黄河南岸灌区开展水权细化工作,编制完成了《黄河南岸灌区水权细化方案》,进一步明确了各旗县、灌域的用水指标,在对各用水户进行用水计量考核的基础上最终实现黄河南岸灌区用水总量控制目标。

(5)促进了灌区土地流转整合,推动了现代农业的发展。水权转让二期工程建成以后,特别是喷灌、滴灌和畦田改造工程建成以后,灌区土地由原来的农户分散经营,逐渐发展为适度规模经营,主要有农业企业、种植大户承包种植,成立农业合作社、用水协会等多种经营方式,加快了黄河南岸灌区土地流转整合步伐,提高了农业生产效率,推动了鄂尔多斯市现代农业的发展。

第四章 盟市间水权交易工程实施 与效果评估

一、水权交易概况

在 2003—2013 年盟市内水权转让试点取得明显成效后，2014 年水利部将内蒙古自治区列为全国七个水权试点之一，主要工作包括在河套灌区沈乌灌域开展节水工程，在巴彦淖尔市、鄂尔多斯市、阿拉善盟三盟市间探索开展跨盟市水权交易、建立健全水权交易平台、开展水权交易制度建设。试点期限为 2014 年 7 月至 2017 年 11 月。

为了有效推进跨盟市水权转让工作，经内蒙古自治区人民政府常务会议同意，批准了《内蒙古自治区盟市间黄河干流水权转让试点实施意见》，该文件对盟市间水权转让的原则、总体目标、实施主体、责任分工以及资金管理等予以明确。巴彦淖尔市人民政府颁布了《巴彦淖尔市人民政府关于促进河套灌区农业节水的实施意见》（巴政发〔2012〕11 号），支持盟市间水权转让工作，以指导和推进河套灌区农业节水。

内蒙古黄河流域河套灌区沈乌灌域试点工程区基础设施相对薄弱，灌溉效率低下，工程建设节水潜力较大，考虑到内蒙古黄河流域总体水资源短缺和河套灌区目前仍属超指标用水状态，盟市间水权转让试点工作一是以河套灌区整体为基础、试点区 2016 年用水为前提，"边节水、边转让、边减超"，即通过节水改造，在确保灌区自身用水安全的前提下，转让农业用水，同时减少超用水量，鼓励社会资金投入灌区节水改造建设，推动河套灌区整体节水减超；二是按照"以工农业的互相支持、区域间水资源合理调配，实现水资源的优化配置，促进内蒙古自治区经济社会的可持续发展"的指导思想，扩大用水企业水权转让投资义务。最终实现指标内用水、指标内转让。

盟市间水权转让试点工程选择在河套灌区沈乌灌域实施。沈乌灌域由三盛公水利枢纽工程上游的沈乌引水口引水，是乌兰布和灌域的主要灌溉区域，2016年总灌溉面积为 87.166 万亩，约占乌兰布和灌域灌溉面积的 90%，占河套灌区 861.54 万亩灌溉面积的 10.12%。其中引黄灌溉面积 78 万亩，井渠结合面积 6.561 万亩，纯井灌面积 2.605 万亩。总灌溉面积中农田面积 68.947 万亩，草地面积 6.192 万亩，林地面积 12.027 万亩，林草地合计面积 18.219 万亩。河套灌区沈乌灌域节水改造工程累计完成投资 15.86 亿元，衬砌各级渠道 810 条，衬砌总长度为 1522.21km，各级渠道衬砌率均达到了 100%，详见表 4-1；新建、改建渠系建筑物 14031 座，建筑物配套率和已配套建筑物完好率均为 100%，详见表 4-2；完成畦田改造面积 66.37 万亩，畦灌改滴灌面积 12.76 万亩；完成斗口及以下计量设施 774 套，机电井灌溉计量设施 923 套；建成信息化监测点 62 处，灌域水情信息自动化采集率达 100%；新建小型建筑物 26827 座；整治道路 1947.14km；新建田口闸 673272 座。

表 4-1　　　　　　　　沈乌灌域灌溉渠道工程情况统计表

分区	渠道级别	工程实施前			工程实施后		
		渠道长度/km	衬砌渠道长度/km	渠道衬砌率/%	渠道长度/km	衬砌渠道长度/km	渠道衬砌率/%
沈乌引水渠		0.65	0.65	100	0.65	0.65	100
生态补水渠道					8.40	8.40	100
东风分干渠	分干渠	45.60	2.34	5.14	45.60	45.60	100
	支渠	83.52	0	0	83.52	83.52	100
	干斗渠	89.87	0	0	89.87	89.87	100
	斗渠	161.22	11.89	7.37	161.22	161.22	100
一干渠	干渠	44.67	0	0	44.35	44.35	100
	分干渠	91.43	0	0	91.43	91.43	100
	支渠	230.92	0	0	230.92	230.92	100
	干斗渠	271.38	18.18	6.70	271.38	271.38	100
	斗渠	494.87	54.83	11.08	494.87	494.87	100
灌域合计	沈乌引水渠	0.65	0.65	100	0.65	0.65	100
	生态补水渠道				8.40	8.40	100
	干渠	44.67	0	0	44.35	44.35	100
	分干渠	137.03	2.34	1.71	137.03	137.03	100
	支渠	314.44	0	0	314.44	314.44	100
	干斗渠	361.25	18.18	5.03	361.25	361.25	100
	斗渠	656.09	66.72	10.17	656.09	656.09	100
	合计	1514.12	87.89	5.80	1522.21	1522.21	100

表 4-2　　　　　　　　沈乌灌域渠道建筑物配套情况统计表

渠道名称	工程实施前			工程实施后		
	配套渠系建筑物/座	配套率/%	建筑物完好率/%	配套渠系建筑物/座	配套率/%	建筑物完好率/%
沈乌引水渠	4	100	100	4	100	100
一干渠	63	1.86	100	3384	100	100
建设一分干渠	3	0.21	100	1446	100	100

续表

渠道名称	工程实施前			工程实施后		
	配套渠系 建筑物/座	配套率 /%	建筑物 完好率/%	配套渠系 建筑物/座	配套率 /%	建筑物 完好率/%
建设二分干渠	23	0.95	100	2410	100	100
建设三分干渠	11	0.94	100	1174	100	100
建设四分干渠	20	0.80	100	2503	100	100
东风分干渠	306	9.90	100	3092	100	100
灌域合计	430	3.07	100	14013	100	100

二、实施效果评估

(一) 节水效果

1. 渠道衬砌

根据沈乌灌域水情信息资料统计，灌域渠道衬砌率由工程实施前的5.80%提高到100%，渠系建筑物配套率由3.07%提高到100%，渠道输水效率提高了33.60%；经实测，沈乌灌域一干渠衬砌前后的渠道水利用系数分别为0.8209、0.9173，渠道水利用系数提高11.74%；分干渠衬砌前后的渠道水利用系数分别为0.8430、0.9350，渠道水利用系数提高10.91%；支渠衬砌前后的渠道水利用系数分别为0.8542、0.9170，渠道水系数提高7.35%；斗渠砌前后的渠道水利用系数分别为0.8904、0.9618，渠道水系数提高8.02%。详见表4-3和表4-4。

表4-3　　　　　　　沈乌灌域各级渠道渠道水利用系数统计

渠道级别	渠道名称	渠道水利用系数		
		衬砌前	衬砌后	提高比例/%
干渠	一干渠渠首至一闸	0.8473	0.9201	8.59
	一干渠一闸至二闸	0.8584	0.9150	6.59
	一干渠二闸至三闸	0.7494	0.9159	22.22
	一干渠全渠道	0.8209	0.9173	11.74
分干渠	建设一分干渠	0.8398	0.9149	8.94
	建设二分干渠	0.8365	0.9160	9.50
	建设三分干渠	0.8540	0.9583	12.21
	建设四分干渠	0.8335	0.9315	11.76
	东风分干渠	0.8502	0.9493	11.66
	平均	0.8430	0.9350	10.91
支　渠		0.8542	0.9170	7.35
斗　渠		0.8904	0.9618	8.02

表 4-4　　　　　　　　　　沈乌灌域渠系水利用系数

灌域名称		渠系水利用系数	控制面积/万亩	加权平均	提高/%
沈乌灌域	一干渠灌域	0.5739（衬砌前）	64.1	0.6035（衬砌前）	33.60
	东风分干渠灌域	0.6821（衬砌前）	24.1		
	一干渠灌域	0.7855（衬砌后）	64.1	0.8063（衬砌后）	
	东风分干渠灌域	0.8616（衬砌后）	24.1		

通过跟踪评估得出，水权转让工程沈乌灌域衬砌渠道 519 条，衬砌长度为 858.4km，共计节水量为 12370.49 万 m^3，其他项目衬砌渠道 290 条，衬砌长度 540.5km，共计节水量为 3237.79 万 m^3，沈乌灌域渠道衬砌共计节水量为 15608.28 万 m^3。详见表 4-5 和表 4-6。

表 4-5　　　　　　水权转让工程沈乌灌域渠道衬砌后节水量

渠道类型	渠道名称	条数/条	平均运行流量/(m^3/s)	渠道水利用系数		衬砌前平均运行天数/d	衬砌后平均运行天数/d	衬砌前损失水量/万 m^3	衬砌后损失水量/万 m^3	节水量/万 m^3
				衬砌前	衬砌后					
干渠	一干渠	1	30.24	0.8209	0.9173	106	95	4961.04	2050.65	2910.39
分干渠	一分干渠	1	7.64	0.8398	0.9149	106	97	1121.17	546.73	574.44
	二分干渠	1	7.96	0.8365	0.9160	106	97	1191.57	559.43	632.14
	三分干渠	1	6.54	0.8540	0.9583	106	94	874.73	222.82	651.91
	四分干渠	1	10.25	0.8335	0.9315	106	95	1563.23	575.32	987.91
	东风分干渠	1	20	0.8502	0.9493	105	94	2718.73	823.86	1894.87
支渠	支渠	37	1.36	0.8542	0.9170	60	56	3803.52	2017.47	1786.05
干斗渠	干斗渠	150	0.41	0.8904	0.9618	40	37	2329.48	751.64	1577.84
斗渠	斗渠	326	0.24	0.8904	0.9618	27	25	2000.40	645.46	1354.94
合计		519	—	—	—			20563.87	8193.38	12370.49

表 4-6　　　　　　其他项目沈乌灌域渠道衬砌后节水量

渠道类型	条数/条	平均运行流量/(m^3/s)	渠道水利用系数		衬砌前平均运行天数/d	衬砌后平均运行天数/d	衬砌前损失水量/万 m^3	衬砌后损失水量/万 m^3	节水量/万 m^3
			衬砌前	衬砌后					
分干渠	0	6.54	0.8430	0.9350	106	96	940.66	350.83	589.83
支渠	19	1.36	0.8542	0.9170	60	56	1953.16	1036.00	917.16
干斗渠	95	0.41	0.8904	0.9618	40	37	1475.34	476.04	999.30
斗渠	176	0.24	0.8904	0.9618	27	25	1079.97	348.47	731.50
合计	290						5449.13	2211.34	3237.79

2. 畦田改造

根据监测成果，通过激光平地、增加灌水进水口和临时畦埂改造，当畦田由 3.0 亩、2.5 亩、2.0 亩改造为 1.0 亩时，沈乌灌域作物生育期平均每亩节水量为 64.57m^3/亩，春灌/秋浇节水量为 17.31m^3/亩，计算结果详见表 4-7 和表 4-8。

表 4 - 7　　　　　　　　沈乌灌域畦田改造作物生育期节水效果

渠道名称	面积/万亩	土壤类型	比例/%	畦田规格/亩	比例/%	亩均节水量/(m³/亩)	平均节水量/(m³/亩) 土壤类型	渠域	灌域
东风分干渠	21.77	壤砂土	32.87	3	8.3	96	54.71	42.64	
				2.5	14.1	72			
				2	66.8	53			
				1	10.8	11			
		砂壤土	65.06	3	8.3	112	35.81		
				2.5	14.1	61			
				2	66.8	26			
				1	10.8	5			
		砂土	2.07	3	8.3	130	65.95		
				2.5	14.1	107			
				2	66.8	54			
				1	10.8	37			
一干渠直属	9.51	壤砂土	68.56	3	41.1	107	84.30	81.42	64.57
				2.5	21.9	83			
				2	33.1	64			
				1	3.9	22			
		砂壤土	29.30	3	41.1	89	75.04		
				2.5	21.9	83			
				2	33.1	59			
				1	3.9	17			
		砂土	2.14	3	41.1	110	76.29		
				2.5	21.9	87			
				2	33.1	34			
				1	3.9	17			
建设一分干渠	5.12	壤砂土	61.45	3	46.2	106	85.31	84.22	
				2.5	23.7	82			
				2	25.2	63			
				1	4.9	21			
		砂壤土	4.59	3	46.2	107	87.12		
				2.5	23.7	83			
				2	25.2	67			
				1	4.9	23			
		砂土	33.96	3	46.2	111	81.84		
				2.5	23.7	88			
				2	25.2	35			
				1	4.9	18			

续表

渠道名称	面积/万亩	土壤类型	比例/%	畦田规格/亩	比例/%	亩均节水量/(m³/亩)	平均节水量/(m³/亩)		
							土壤类型	渠域	灌域
建设二分干渠	8.85	壤砂土	52.12	3	46.4	115	97.87	85.42	64.57
				2.5	33.6	91			
				2	18.9	72			
				1	1.1	30			
		砂壤土	42.74	3	46.4	77	69.22		
				2.5	33.6	70			
				2	18.9	52			
				1	1.1	13			
		砂土	5.14	3	46.4	117	93.89		
				2.5	33.6	94			
				2	18.9	41			
				1	1.1	24			
建设三分干渠	2.43	壤砂土	50.86	3	43.4	79	54.88	53.36	
				2.5	8.9	55			
				2	43.1	36			
				1	4.6	4			
		砂壤土	41.66	3	43.4	76	50.33		
				2.5	8.9	61			
				2	43.1	27			
				1	4.6	6			
		砂土	7.48	3	43.4	99	59.92		
				2.5	8.9	76			
				2	43.1	23			
				1	4.6	6			
建设四分干渠	14.71	壤砂土	39.64	3	56.9	88	70.11	68.57	

表4-8　　　　沈乌灌域典型试验田春灌激光平地节水效果　　　　单位：m³/亩

试验区	激光平地前灌水量	激光平地后灌水量	节水量	平均节水量
东风管理所（砂壤土）	112	98	14	
一干管理所（壤砂土）	125	106	19	17.31
二分干管理所（砂土）	139	107	32	

根据不同的灌溉水源与畦田改造规模，得到沈乌灌域畦田改造节水量。

（1）黄河水畦田改造节水量。根据沈乌灌域监测成果，灌溉水为黄河水畦田改造面积为 60.2 万亩，改造后作物生育期平均每亩节水量为 64.57m³/亩，总节水量为 4686.34 万 m³；春灌/秋浇节水量为 17.31m³/亩，总节水量为 1256.60 万 m³。详见表 4-9 和表 4-10。

表 4-9　　　　　沈乌灌域黄河水畦田改造生育期节水量表

渠域	畦田改造面积/万亩	田间每亩节水量/(m³/亩)	到农口渠系水利用系数	到农口每亩节水量/(m³/亩)	到农口节水量/万 m³
东风渠域	21.77	64.57	0.832	77.61	1689.57
一干渠域	38.43	64.57	0.828	77.98	2996.77
合计	60.20				4686.34

表 4-10　　　　　沈乌灌域黄河水畦田改造春灌/秋浇节水量

渠域	畦田改造面积/万亩	田间每亩节水量/(m³/亩)	到农口渠系水利用系数	到农口每亩节水量/(m³/亩)	到农口节水量/万 m³
东风渠域	21.77	17.31	0.832	20.81	453.03
一干渠域	38.43	17.31	0.828	20.91	803.57
合计	60.20				1256.60

（2）黄河水与地下水畦田改造节水量。根据沈乌灌域监测成果，灌溉水为黄河水与地下水相结合（用一次地下水）畦田改造面积为 1.27 万亩，改造后总节水量为 137.65 万 m³，详见表 4-11。

表 4-11　　　　　黄河水与地下水畦田改造节水量

渠域	畦田改造面积/万亩	田间每亩节水量/(m³/亩)	到农口灌溉水利用系数	灌域每亩节水量/(m³/亩)	节水量/万 m³
一干渠域	1.27	89.09	0.828	107.60	137.65

（3）黄河水与地下水畦田改造为秋浇或春灌用黄河水、生育期用地下水滴灌节水量。根据沈乌灌域监测成果，此部分畦田改造面积为 2.995 万亩，改造后总节水量为 62.63 万 m³，详见表 4-12。

表 4-12　　　秋浇用黄河水、生育期用地下水滴灌改造节水量

渠域	畦田改造面积/万亩	田间每亩节水量/(m³/亩)	到农口灌溉水利用系数	灌域每亩节水量/(m³/亩)	节水量/万 m³
一干渠域	2.995	17.31	0.828	20.91	62.63

3. 畦灌改滴灌

根据对沈乌灌域典型田块不同改造类型的监测成果，得到不同改造类型的

亩均节水量，见表4-13。

表4-13 沈乌灌域不同畦灌改滴灌类型条件下节水效果统计表 单位：m³/亩

项目	黄河水秋浇或春灌灌溉定额	生育期黄河水灌溉定额	亩均节水量
改造类型	黄畦改井滴		
一干渠直属	123	255	378
建设二分干渠	121	258	379
建设四分干渠	124	255	379
平均			378.67
改造类型	井渠双灌改井滴		
一干渠直属	123	85	208
建设一分干渠	129	81	210
建设二分干渠	121	86	207
平均			208.33
改造类型	井渠双灌改黄畦＋井滴		
东风干渠		74	74
一干渠直属		85	85
建设一分干渠		81	81
建设二分干渠		86	86
建设三分干渠		79	79
建设四分干渠		85	85
平均			81.67
改造类型	黄畦改黄滴		
建设二分干渠	379	193.63	185.37
平均			185.37

根据不同的灌溉水源与畦田改造规模，得到沈乌灌域畦灌改滴灌节水量为3482.12万 m³，详见表4-14。

表4-14 沈乌灌域畦灌改滴灌节水量

改造类型		黄畦改井滴	井渠双灌改井滴	井渠双灌改黄灌＋井滴	黄畦改黄滴	井畦改黄滴	合计
东风渠域	面积/万亩			2.08		0.35	2.43
	节水量/万 m³			214.72			214.72
一干渠直属	面积/万亩	1.16	0.66	1.06		0.08	2.96
	节水量/万 m³	674.20	211.10	138.50			1023.80

续表

改造类型		黄畦改井滴	井渠双灌改井滴	井渠双灌改黄灌＋井滴	黄畦改黄滴	井畦改井滴	合计
建设一分干渠	面积/万亩		0.03	0.66		0.02	0.71
	节水量/万 m³		9.69	82.20			91.89
建设二分干渠	面积/万亩	0.15	0.30	0.31	0.30		1.06
	节水量/万 m³	87.41	95.48	40.99	63.04		286.92
建设三分干渠	面积/万亩			1.16			1.16
	节水量/万 m³			140.89			140.89
建设四分干渠	面积/万亩	2.53		1.91			4.44
	节水量/万 m³	1474.28		249.62			1723.90
总计	面积/万亩	3.84	0.99	7.18	0.30	0.45	12.76
	节水量/万 m³	2235.89	316.27	866.92	63.04		3482.12

根据沈乌灌域水情信息统计资料，自 2013 年以来，灌域及各分干渠灌域支渠及以下直口渠引用黄河水量明显减少，2018 年引水量为 37680 万 m³，2009—2012 年平均引水量为 55868 万 m³，详见表 4 - 15。渠道输水效率提高了 33.60%；田间工程配套率提高到 100%，田间灌水效率提高了 15.84%，亩均灌溉用时由 0.77h 缩短到 0.66h；信息自动化采集率由 22.58% 提高到 100%；灌溉水利用系数由 0.3776 提高到 0.5844，总体节水能力达到 2.52 亿 m³（其中渠道衬砌工程节水量为 15607.28 万 m³，畦田改造工程节水量为 6080.59 万 m³，畦灌改滴灌工程节水量为 3482.12 万 m³），可实现转让水量 1.2 亿 m³。

表 4 - 15 　　　　　　灌域不同时段引水量统计表　　　　单位：万 m³

分区	时段	春夏灌（4—6 月）	秋灌（7—9 月）	秋浇（10 月之后）	全年合计
沈乌灌域	2009 年	29569	17502	17701	64772
	2010 年	22009	19637	10028	51674
	2011 年	23150	18245	12326	53721
	2012 年	21869	17513	13924	53306
	2013 年	24436	22608	10898	57942
	2014 年	21906	22009	12425	56340
	2015 年	19553	24601	8191	52345
	2016 年	15732	11585	11878	39195
	2017 年	17478	15031	6358	38867
	2018 年	21631	11246	4803	37680
	2009—2012 年平均	24149	18224	13495	55868

续表

分区	时段	春夏灌 （4—6月）	秋灌 （7—9月）	秋浇 （10月之后）	全年合计
东风分干渠灌域	2009 年	7059	4182	4923	16164
	2010 年	4927	5320	3742	13989
	2011 年	5897	4566	4208	14671
	2012 年	5442	4656	4616	14714
	2013 年	5857	5216	4221	15294
	2014 年	5831	6365	4089	16285
	2015 年	5371	6388	3302	15061
	2016 年	4897	4090	5031	14018
	2017 年	4967	4507	2234	11708
	2018 年	6609	3510	4803	14922
	2009—2012 年平均	5831	4681	4372	14885
一干渠灌域	2009 年	22510	13321	12779	48610
	2010 年	17081	14317	6286	37684
	2011 年	17253	13678	8118	39049
	2012 年	16427	12857	9308	38592
	2013 年	18578	17392	6678	42648
	2014 年	16075	15644	8336	40055
	2015 年	14182	18213	4889	37284
	2016 年	10836	7495	6847	25178
	2017 年	12512	10524	4124	27160
	2018 年	15022	7735	0	22757
	2009—2012 年平均	18318	13543	9123	40983

（二）区域生态状况

1. 地下水埋深

沈乌灌域节水工程实施后地下水埋深较实施前仍处于合理区间，各区域 2016—2018 年地下水埋深变化见表 4-16～表 4-25。

表 4-16　　　　　东风干渠农田区地下水埋深统计

年　份	平均埋深/m	最大埋深/m	最小埋深/m
2016	2.30	3.53	0.59
2017	2.35	4.11	0.45
2018（截至11月）	2.15	4.02	0.36

表 4-17　　　　　　　　一干渠直属农田区地下水埋深统计

年 份	平均埋深/m	最大埋深/m	最小埋深/m
2016	2.85	6.54	1.41
2017	3.02	6.79	0.65
2018（截至 11 月）	3.02	5.89	0.64

表 4-18　　　　　　　　建设一分干渠农田区地下水埋深统计

年 份	平均埋深/m	最大埋深/m	最小埋深/m
2016	3.18	3.9	1.73
2017	3.64	4.43	2.47
2018（截至 11 月）	4.24	4.83	3.22

表 4-19　　　　　　　　建设二分干渠农田区地下水埋深统计

年 份	平均埋深/m	最大埋深/m	最小埋深/m
2016	2.80	4.20	1.29
2017	2.99	4.80	1.15
2018（截至 11 月）	3.11	4.96	1.44

表 4-20　　　　　　　　建设三分干渠农田区地下水埋深统计

年 份	平均埋深/m	最大埋深/m	最小埋深/m
2016	2.96	3.69	1.65
2017	3.38	4.24	2.31
2018（截至 11 月）	3.77	4.82	3.10

表 4-21　　　　　　　　建设四分干渠农田区地下水埋深统计

年 份	平均埋深/m	最大埋深/m	最小埋深/m
2016	2.83	4.87	1.52
2017	3.15	5.14	1.78
2018（截至 11 月）	3.27	5.27	1.17

表 4-22　　　　　　　　盐碱荒区地下水埋深统计

年 份	平均埋深/m	最大埋深/m	最小埋深/m
2016	1.53	3.87	0.61
2017	1.43	2.69	0.22
2018（截至 11 月）	1.48	2.72	0.20

表 4 – 23 沙荒区地下水埋深统计

年 份	平均埋深/m	最大埋深/m	最小埋深/m
2016	5.56	9.20	2.9
2017	5.80	9.43	3.57
2018（截至 11 月）	5.94	10.00	3.71

表 4 – 24 渠道旁区地下水埋深统计

年 份	平均埋深/m	最大埋深/m	最小埋深/m
2016	3.00	4.53	1.26
2017	2.96	4.29	1.46
2018（截至 11 月）	3.05	4.44	1.57

表 4 – 25 湖泊旁区地下水埋深统计

年 份	平均埋深/m	最大埋深/m	最小埋深/m
2016	2.85	4.27	1.12
2017	3.00	4.52	1.13
2018（截至 11 月）	3.13	4.51	1.91

对比 3 年沈乌灌域地下水埋深，2018 年和 2017 年分别较 2016 年增加 0.21m 和 0.16m，见表 4 – 26。

表 4 – 26 灌域地下水埋深年均值

年 份	地下水埋深均值/m	年 份	地下水埋深均值/m
2016	2.94	2018（截至 11 月）	3.15
2017	3.10		

对比灌域不同地下水埋深所占比例，0～3m 地下水埋深所占比例逐年减少，3～5m 所占比例逐年增加。其中，变化最明显的为 2～4m，2～3m 所占比例 2018 年较 2016 年减少 14.56%，3～4m 所占比例 2018 年较 2016 年增长 10.76%，见表 4 – 27。

表 4 – 27 灌域不同地下水埋深分布情况统计

年 份	灌域不同地下水埋深所占比例					
	0～1m	1～2m	2～3m	3～4m	4～5m	＞5m
2016	0.05%	5.25%	63.97%	21.14%	5.85%	3.74%
2017	0.04%	5.17%	54.49%	26.80%	8.70%	4.81%
2018（截至 11 月）	0.00%	3.56%	49.41%	31.90%	10.18%	4.94%

通过统计 2016—2018 年地下水埋深和 2016 年夏灌前至 2018 年秋浇后不同地下水埋深所占比例，可知整个灌域大部分区域地下水埋深为 2～3m。

对比夏灌前不同地下水埋深所占比例，夏灌前 0～1.5m 地下水埋深所占比例为 1.16%～1.55%，1.5～2m 所占比例为 6.18%～8.09%，2～2.5m 所占比例为 20.13%～34.61%，2.5～3m 所占比例为 27.93%～36.06%，3～3.5m 所占比例为 13.16%～16.40%，3.5～4m 所占比例为 7.92%～9.31%，4～4.5m 所占比例为 2.22%～5.16%，4.5～5m 所占比例为 1.33%～4.55%，大于 5m 所占比例为 3.72%～4.16%。

对比夏灌后不同地下水埋深所占比例，夏灌后 0～1.5m 地下水埋深所占比例为 0.47%～6.42%，1.5～2m 所占比例为 2.83%～11.87%，2～2.5m 所占比例为 13.27%～35.74%，2.5～3m 所占比例为 23.70%～29.99%，3～3.5m 所占比例为 10.58%～21.79%，3.5～4m 所占比例为 4.91%～14.70%，4～4.5m 所占比例为 2.50%～8.28%，4.5～5m 所占比例为 1.56%～2.8%，大于 5m 所占比例为 3.43%～4.87%。

对比秋浇前不同地下水埋深所占比例，秋浇前 0～1.5m 地下水埋深所占比例为 0～0.17%，1.5～2m 所占比例为 0.44%～1.32%，2～2.5m 所占比例为 3.32%～9.08%，2.5～3m 所占比例为 11.16%～38.44%，3～3.5m 所占比例为 27.16%～29.93%，3.5～4m 所占比例为 11.55%～33.22%，4～4.5m 所占比例为 5.62%～11.83%，4.5～5m 所占比例为 2.56%～5.34%，大于 5m 所占比例为 4.49%～6.52%。

对比秋浇后不同地下水埋深所占比例，秋浇后 0～1.5m 地下水埋深所占比例为 9.68%～13.41%，1.5～2m 所占比例为 14.00%～22.96%，2～2.5m 所占比例为 16.09%～28.59%，2.5～3m 所占比例为 14.68%～24.14%，3～3.5m 所占比例为 5.84%～12.36%，3.5～4m 所占比例为 4.70%～10.57%，4～4.5m 所占比例为 2.81%～6.29%，4.5～5m 所占比例为 2.11%～3.10%，大于 5m 所占比例为 3.80%～5.06%。

通过对比不同灌溉期地下水埋深所占比例，可知一干渠下游地区、建设一分干渠末端地下水埋深较深，灌域中部地区地下水埋深在 2018 年和 2017 年秋浇前有明显增加，增加幅度为 0.34～1.15m，整个灌域地下水埋深呈以年为周期的周期性变化。

2018 年灌域大部分地区地下水埋深为 2.5～3.5m，一干渠末端和建设一分干渠下游区域地下水埋深达到 5m 以上，建设二分干渠中游、建设三分干渠上中游、建设四分干渠中游地下水埋深较深，为 3.5～4.5m，东风干渠中下游、建设二分干渠下游、建设四分干渠偏北地区地下水埋深较浅，在 1.5m 以内。

2. 地下水水质

根据监测结果，沈乌灌域 2016 年地下水矿化度均值为 2516mg/L，2018 地下水矿化度均值为 1388mg/L，除一干渠直属农田区地下水矿化度有所上升以外，其余区域地下水矿化度均有所下降。其中，沙荒地、建设三分干渠农田区、东风干渠农田区、建设四分干渠农田区下降幅度较大，分别下降了 53.05%、52.89%、51.50% 和 51.11%；盐碱荒区、建设二分干渠农田区、建设一分干渠农田区、渠道旁区、湖泊旁区分别下降了 39.54%、37.27%、36.11%、34.99% 和 28.61%，一干渠直属耕地区略有增加，上升了 0.79%。地下水矿化度有明显整体呈下降的趋势，整个区域地下水水质以淡水和微咸水为主，地下水开采和灌溉补给加快，地下水淡化作用加强，地下水水质有逐年变好的趋势。

3. 土壤环境

（1）区域土壤盐渍化程度。根据遥感解译结果，沈乌灌域主要以轻度盐渍化和非盐渍化土壤为主，与 2012 年相比，沈乌灌域 2018 年非盐渍化和轻度盐渍化土壤面积分别增加了 1.93 万亩和 1.20 万亩，分别占总面积的 1.57% 和 0.98%；中度盐渍化和重度盐渍化土壤面积分别减少了 0.66 万亩和 0.65 万亩，分别占总面积的 0.54% 和 0.53%；盐碱地面积减少了 1.63 万亩，占总面积的 1.33%。从 2012 年到 2018 年土壤盐渍化率由 67.24% 下降到 65.72%，土壤盐渍化程度减轻，详见表 4-28。

表 4-28　　　　　　　沈乌灌域不同盐渍化程度面积与比例统计

项　目		非盐渍化	轻度盐渍化	中度盐渍化	重度盐渍化	盐碱地	合计
2012 年	面积/万亩	40.13	48.98	17.27	6.74	9.40	122.52
	比例/%	32.75	39.98	14.10	5.50	7.67	100
2016 年	面积/万亩	40.64	49.46	17.07	7.06	8.47	122.70
	比例/%	33.12	40.31	13.92	5.75	6.90	100
2017 年	面积/万亩	41.21	49.79	16.94	6.53	8.24	122.71
	比例/%	33.58	40.58	13.80	5.32	6.72	100
2018 年	面积/万亩	42.06	50.18	16.61	6.09	7.77	122.71
	比例/%	34.28	40.89	13.54	4.96	6.33	100

（2）工程对土壤环境的影响。

1）渠道衬砌对土壤环境的影响。2015 年沈乌灌域衬砌率仅为 16.37%，地下水位为 2.13m，地下水埋深较浅，灌域整体土壤含盐量最大，为 3.42g/kg。2016 年节水改造工程正式实施，渠道衬砌率相较于 2015 年增加了 57.97%，地下水位略下降，蒸发较弱，土壤含盐量减少到 2.95g/kg，下降幅度为 13.74%，土壤盐渍化率也下降了 0.36%。2017 年沈乌灌域基本完全完成渠道衬砌，受蒸发强度影响较大，土壤盐分含量为 3.19g/kg，较 2016 年略增加，上升幅度为 8.14%。2018 年与 2012 年相比，地下水位下降约 0.2m，土壤盐渍化率下降到 65.72%，下降幅度为 1.52%，变化并不显著。随着节水改造工程的实施，渠道衬砌工程的完善，地下水位有所下降，土壤含盐量有所减少，土壤盐渍化率略减小，土壤环境变化不大。

2）滴灌工程对土壤环境的影响。根据监测结果，滴灌工程的实施对土壤盐分变化影响不大，土壤盐分变化主要受地下水埋深和蒸发强度影响。

4. 水域

根据对 2012 年及 2014—2018 年春季卫星影像数据解译的沈乌灌域范围内年度水域面积情况的统计分析，自 2015 年试点工程实施以来，沈乌灌域范围内总水域面积除 2017 年春季显著增加外，均呈缓慢下降的趋势，且水域面积减少的类型主要集中在面积小于 500 亩的水域中。相比 2014 年，2018 年沈乌灌域范围内总水域面积减少了 0.91 万亩，减少幅度为 6.96%，其中大于 6000亩的水域面积增加了约 0.77 万亩，增加幅度为 57.78%，小于 500 亩的水域面积减少 1.57 万亩，减少幅度为 39.90%，详见表 4-29。

表 4-29　　　　　沈乌灌域 2012 年及 2014—2018 年春季不同
规模水域面积分级统计

| 项目 | >6000 | | 3500~6000 | | 1000~3500 | | 500~1000 | | <500 | | 总水域面积/亩 |
	数量/个	面积/亩	数量/个	面积/亩	数量/个	面积/亩	数量/个	面积/亩	数量/个	面积/亩	
2012 年 3 月	1	6585	6	27035	24	52810	21	14338	276	29946	130714
2014 年 3 月	2	13336	5	24662	22	41385	16	11570	1385	39467	130420
2015 年 3 月	2	15134	8	37160	21	37463	18	12996	1257	27299	130052
2016 年 4 月	3	20841	5	21162	23	43798	21	14603	906	26804	127208
2017 年 3 月	3	20670	8	36024	24	42041	24	17275	1185	32553	148563
2018 年 3 月	3	21041	6	24464	24	41404	15	10714	805	23721	121344

注　水域面积是指水面面积。

沈乌灌域地处干旱荒漠地区，灌域西南部与乌兰布和沙漠接壤，强大的风力形成众多风蚀洼地。沈乌灌域分为一干渠灌域和东风分干渠灌域两大区域，其中西南部一干渠灌域灌溉范围为沙地，约占灌域总土地面积的 80%，一干渠灌域内没有排水系统，主要是依靠风蚀洼地来承接和调剂排水，节水改造工程实施前，灌溉定额偏大，砂性土壤渗漏损失大，由于灌溉水侧渗补给，在农田周围一些风蚀坑内会形成面积较小的水域，而这些小水域基本上是属于临时性水域，水深浅，受外界人类活动和气候条件影响显著，其面积及数量在年际间波动剧烈。

综上所述，2018 年相比 2012 年，沈乌灌域范围内总水域面积减少了 0.94 万亩，减少幅度为 7.17%，且水域面积减少的类型主要集中在面积小于 500 亩的小型、临时性水域中，水深浅，受气候条件影响剧烈。节水改造工程于 2017 年竣工，目前监测结果表明，其对沈乌灌域范围内总水域面积没有显著影响。

5. 天然植被

(1) 天然植被覆盖度。通过遥感卫片解译得出，沈乌灌域 2012 年天然植被总面积为 135.82 万亩，覆盖度介于 7%～62%，平均覆盖度约为 36.4%。其中，低覆盖度天然植被面积为 78.45 万亩，占灌域天然植被总面积的 58%；中覆盖度天然植被面积为 45.28 万亩，占灌域天然植被总面积的 33%；高覆盖度天然植被面积为 12.09 万亩，占灌域天然植被总面积的 9%。沈乌灌域 2016 年天然植被总面积为 118.67 万亩，覆盖度介于 5%～85%，平均覆盖度约为 38.2%。其中，低覆盖度植被面积为 39.55 万亩，占灌域天然植被总面积的 33%；中覆盖度天然植被面积为 49.91 万亩，占灌域天然植被总面积的 42%；高覆盖度天然植被面积为 29.21 万亩，占灌域天然植被总面积的 25%。详见表 4-30。

表 4-30　　　　　　　沈乌灌域天然植被面积统计　　　　　　单位：万亩

分　区	2012 年				2016 年			
	合计	低覆盖度	中覆盖度	高覆盖度	合计	低覆盖度	中覆盖度	高覆盖度
沈乌灌域	135.82	78.45	45.28	12.09	118.67	39.55	49.91	29.21
东风分干渠灌域	22.43	8.31	11.14	2.98	19.35	4.01	7.87	7.47
一干渠灌域	113.39	70.14	34.14	9.11	99.32	35.54	42.04	21.74
一干渠直属	31.73	18.95	10.45	2.32	29.56	10.98	12.27	6.31
建设一分干渠	15.05	8.74	5.56	0.75	9.77	1.35	5.03	3.38
建设二分干渠	34.55	22.76	8.91	2.89	25.37	9.38	10.84	5.15
建设三分干渠	12.78	7.54	3.45	1.79	11.59	4.19	5.11	2.29
建设四分干渠	19.28	12.16	5.78	1.35	23.03	9.64	8.79	4.60

相较于 2012 年，2016 年沈乌灌域天然植被总面积减少了 17.15 万亩，减少幅度为 12.63%，其中低覆盖度天然植被面积减少了 49.59%，中覆盖度和高覆盖度天然植被面积分别增加了 10.23% 和 141.60%。

(2) 植物种类。通过 2015—2018 年连续 4 年的实地监测可知，沈乌灌域监测区天然植被主要以灌木和草本两种优势层为主。由于地处干旱半干旱气候带，紧邻沙区，该区域耐旱的灌草植物资源较丰富。灌木呈斑块状分布在沙地与水源地周边，常见的灌木种有花棒、羊柴、柽柳等。在4年的监测中，共出现82种野生草本植物，隶属于24科71属，以菊科、藜科、禾本科及豆科为其主要功能群，其物种组成分别占当年总植物种的76%、85%、71%和78.5%。从年际方面来看，2015年的调查共记录49种植物，隶属于12科42属，多年生植物共32种，占65%；2016年的调查共记录57种植物，隶属于15科53属，多年生植物共38种，占66.7%；2017年的调查共记录68种植物，隶属于22科64属，多年生植物共31种，占48.4%；2018年的调查共记录42种植物，隶属于15科41属，多年生植物共24种，占57.1%。除个别调查点人工开荒后原植被构成彻底改变外，各样区植被建群种基本保持一致。物种组成种类的变化主要集中于个别多年生偶见种与一年生植物种类的变化。因一年生植物生长条件受气候条件及人为因素的影响较大，造成了不同年份间物种数量及种类有较大的变化。

随着节水改造工程的实施，沈乌灌域范围内沙生和盐生植物种类逐渐增多，旱生和中旱生植物种类逐渐减少，其他类植物种类组成基本稳定。

项目区2015—2018年的生态环境变化有如下特点：①从土地格局来讲，水域和天然草地面积减少，而农田面积增加，其他景观地类面积基本维持不变。这与该灌域水利建设和开发的初衷是一致的。②土地（土壤）质量基本维持不变或有所改善。土壤盐碱化程度略有降低，低覆盖度土地面积明显减少，裸地基本消失。③地表植被构成基本维持不变。天然植被以草本和灌木为主。个别地段的建群种有所变化，但仍以多年生的抗旱、耐盐碱种为主。从整体上看，沈乌灌域节水改造工程目前对整个工程区域的生态环境尚无明显的不利影响。但由于工程于2014年启动，2017年基本完工，运行时间较短，许多生态效应尚未显现，且由于植被的变化是响应于水环境和土壤环境变化的后续事件，具有一定的滞后性，故目前的评价尚不足以对长期的区域生态效益做出完备的结论。

6. 排盐

（1）排盐水质。根据监测结果，沈乌灌域一排干2009—2012年年均矿化度为1.83g/L，二排干2009—2012年年均矿化度为1.89g/L；一排干2013—2017年年均矿化度为1.82g/L，二排干2013—2017年年均矿化度为1.88g/L，与现状年相比，排水水质变化幅度减小，一排干和二排干均下降了0.01g/L，一排干排水矿化度下降率为0.54%，二排干排水矿化度下降率为0.53%。

（2）排盐量。根据监测结果，沈乌灌域2009—2012年年均排盐量为

6175.54t；2013—2017 年排盐量有所上升，年均排盐量为 12218.17t。

（3）节水改造工程对排水的影响。排水量与排盐量和矿化度均显著性相关，引水量与排盐量和排水量呈负相关关系。随着节水改造工程的实施，2016年渠道衬砌率由 16.37% 增加到 74.34%，引水量较 2015 年有所减少，平均排水矿化度减小，由 1.83g/L 减小到 1.58g/L，排水量增加了 81.1 万 m³，排盐量也增加了 11049.34t。2017 年渠道衬砌率为 95.26%，沈乌灌域基本完全完成渠道衬砌，较 2015 年引水量减少了 1.19 亿 m³，排水量减少了 13 万 m³，排盐量也减少了 434.34t，平均排水矿化度由 1.83g/L 增加到 1.91g/L。总体上讲，节水改造工程的完善，使渠道衬砌率增加，排水量增加，排盐量增加，平均排水矿化度略增加。

（三）社会满意度

1. 用水户

（1）灌溉用水保证程度。根据对沈乌灌域典型用水户灌溉用水情况的调查统计，2015—2018 年沈乌灌域田间灌溉用水保证程度分别为 80.34%、65.59%、89.00% 和 93.77%。2016 年因受灌域来水较小、渠道衬砌集中施工等因素的影响，各灌域田间灌溉用水保证程度相对较低，沈乌灌域各灌域2015—2018 年其他年份田间灌溉用水保证程度基本在 80% 以上。随着水权转让工程的逐步完成，灌域田间灌溉用水保证程度呈现持续升高的趋势。与2015 年相比，2017 年沈乌灌域田间灌溉用水保证程度提高了 10.78%，其中一干渠灌域、东风分干渠灌域较 2015 年分别提高了 2.81% 和 15.60%，2018 年沈乌灌域田间灌溉用水保证程度为 93.77%，较 2015 年提高了16.72%，其中一干渠灌域、东风分干渠灌域较 2015 年分别提高了 10.77%和 17.52%。

（2）亩均灌溉成本。根据对沈乌灌域典型用水户调查数据的统计分析，2015—2017 年沈乌灌域亩均灌溉水费分别为 38.1 元/亩、34.9 元/亩和 40.1元/亩。2016 年亩均灌溉水费较 2015 年降低了 8.40%，2017 年由于水价调整，10 月 1 日及以后超计划供水水价较 2016 年上涨了 0.003 元/m³，2017 年亩均灌溉水费较 2016 年增加了 14.90%。按 2012 年水价折算，2015—2017 年沈乌灌域亩均灌溉水费分别为 29.5 元/亩、26.8 元/亩和 26.6 元/亩，除去价格因素影响，随着水权转让工程的逐步实施，沈乌灌域亩均灌溉成本呈逐渐下降的趋势，水权转让工程的实施在一定程度上减轻了灌域用水户亩均灌溉成本支出。

（3）劳动力投入。根据对沈乌灌域典型用水户调查数据的统计分析，2015—2018 年沈乌灌域田间灌溉亩均劳动力投入分别为 0.77（人・时）/亩、

0.72（人·时）/亩、0.66（人·时）/亩和 0.66（人·时）/亩。各年相比，2016 年沈乌灌域田间灌溉亩均劳动力投入为 0.72（人·时）/亩，较 2015 年降低了 6.49%；2017 年沈乌灌域田间灌溉亩均劳动力投入为 0.66（人·时）/亩，较 2016 年降低了 8.33%；2018 年沈乌灌域田间灌溉亩均劳动力投入与 2017 年持平。随着水权转让工程的逐步实施，沈乌灌域田间灌溉劳动力投入呈逐渐下降的趋势，水权转让工程的实施在一定程度上减轻了灌域用水户田间灌溉亩均劳动力支出。

2. 灌溉管理单位

（1）水费收入。沈乌灌域 2013—2017 年年均水费收入为 3176.20 万元，较 2009—2012 年均值 2052.40 万元增加了 1123.59 万元，增幅为 54.75%。2018 年（截至 2018 年 10 月 1 日）沈乌灌域水费收入 3360.81 万元，较 2009—2012 年均值增加了 1308.31 万元，增幅为 63.74%，详见表 4-31。

表 4-31　　　　　　　沈乌灌域 2009—2018 年水费收入统计　　　　单位：万元

年份	计划内农业供水水费	超计划供水水费	沈乌灌域水费收入
2009	790	855	1645
2010	1149	673	1822
2011	1163	1207	2370
2012	1210	1164	2374
2013	1237	1534	2771
2014	1055	2147	3202
2015	1618	1716	3334
2016	1376	1683	3059
2017	1899	1616	3515
2018	1815	1545	3360

注　2018 年水费不包含秋浇水费。

（2）基本费用。沈乌灌域 2013—2017 年年均基本费用为 4312.8 万元，其中人员工资 3825.6 万元，占基本费用的 88.70%；其他支出 487.2 万元，占基本费用的 11.30%。与 2009—2012 年均值 2639 万元相比，灌域年均基本费用增加了 1673.8 万元，增幅为 63.43%。2018 年（截至 2018 年 10 月）沈乌灌域基本费用为 3932 万元，详见表 4-32。

（3）工程运行维护费用。沈乌灌域 2009—2012 年年均工程运行维护费用为 159.75 万元，沈乌灌域 2013—2017 年年均工程运行维护费用为 151.8 万元，与 2009—2012 年均值相比，年均工程运行维护费用下降了 5.0%。

表 4 - 32　　　　　　　　　沈乌灌域运行管理费用情况统计　　　　　　　　单位：万元

年份	总计	基本费用			工程运行维护费用		
		小计	人员工资	其他支出	小计	运行费用	维修养护费用
2009	1420	1364	1292	72	56	6	50
2010	3316	3152	2524	628	164	27	137
2011	3103	2906	2545	361	197	88	109
2012	3356	3134	2840	294	222	124	98
2013	3131	2939	2862	77	192	94	98
2014	5214	4964	4142	822	250	79	171
2015	4779	4701	4134	567	78	55	23
2016	4504	4392	3889	503	112	48	64
2017	4695	4568	4101	467	127	27	100
2018	4105	3932	3258	674	173	47	126

注　统计时间截至 2018 年 10 月 1 日。

3. 受让企业

目前沈乌灌域试点 12000 万 m^3 水权转让指标已全部分配给鄂尔多斯市、阿拉善盟和乌海市的 75 家用水企业，按照《内蒙古自治区水资源公报》（2017 年）中万元工业增加值用水量 18.37m^3 的用水指标推算，水权转让后，受让企业可新增工业增加值 655.02 亿元，详见表 4 - 33。

表 4 - 33　　　　　　　　　水权受让企业收益情况分析

分　区	受让水量/万 m^3	新增工业增加值/亿元
鄂尔多斯市	6575.55	358.93
阿拉善盟	2380.00	129.91
乌海市	3044.45	166.18
合计	12000.00	655.02

第五章　农业节水与交易潜力分析

一、用水水平分析

（一）农业取、用、排水演变分析

1. 2003 年以前农业取、用、排水演变分析

内蒙古黄河流域 1995—2002 年农业取、用、排水量统计见表 5 - 1，1995—2016 年内蒙古引黄灌区农业用水量如图 5 - 1 所示。

表 5 - 1　内蒙古黄河流域 1995—2002 年农业取、用、排水量统计表　　单位：亿 m³

年　份	取　水　量	用　水　量	排　水　量
1995	65.80	56.43	9.38
1996	67.15	56.98	10.17
1997	63.58	49.29	14.29
1998	68.69	59.93	8.76
1999	72.45	64.25	8.20
2000	68.07	60.15	7.92
2001	65.83	58.46	7.37
2002	65.28	55.58	9.70

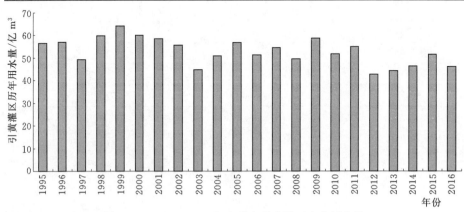

图 5 - 1　1995—2016 年内蒙古引黄灌区农业用水量

由表 5 - 1 和图 5 - 1 可知，内蒙古黄河流域 2003 年以前农业取、用、排水量呈上下波动的动态变化过程，但整体取、用水量较大，其中最大取、用水量出现在 1999 年，取水量为 72.45 亿 m³，用水量为 64.25 亿 m³，最小取、

用水量出现在 1997 年，取水量为 63.58 亿 m³，用水量为 49.29 亿 m³，取水量最大、最小值相差 8.87 亿 m³，用水量最大、最小值相差 14.96 亿 m³。之所以内蒙古黄河流域 2003 年之前农业取、用水量大且最大、最小值年份不同，是由于：①2003 年以前内蒙古引黄灌区整体灌溉水利用系数低；②引黄灌区小麦的种植比例高；③各年份水文年型不同。

2. 2003—2013 年农业取、用、排水演变分析

内蒙古黄河流域 2003—2013 年农业取、用、排水量统计见表 5-2。

表 5-2　内蒙古黄河流域 2003—2013 年农业取、用、排水量统计表　单位：亿 m³

年　份	取　水　量	用　水　量	排　水　量
2003	53.02	44.79	8.23
2004	62.92	50.94	11.99
2005	66.75	56.62	10.13
2006	68.20	51.28	16.93
2007	67.25	54.53	12.72
2008	61.68	49.60	12.09
2009	70.69	58.70	11.99
2010	68.84	51.79	17.05
2011	67.00	54.94	12.06
2012	60.82	42.79	18.03
2013	61.77	44.32	17.45

由表 5-2 和图 5-1 可知，内蒙古黄河流域 2003—2013 年农业取、用、排水量虽仍呈上下波动的动态变化过程，但整体用水量较 2003 年之前呈下降趋势，其中最大用水量出现在 2009 年，用水量为 58.70 亿 m³，最小用水量出现在 2012 年，用水量为 42.79 亿 m³，用水量最大、最小值相差 15.91 亿 m³。之所以内蒙古黄河流域 2003 年以后农业用水量逐渐降低且最大、最小值年份不同，是由于：①自 2003 年起，内蒙古自治区开展了黄河流域水权转让试点工作，分别在阿拉善盟、鄂尔多斯市、包头市、乌海市、巴彦淖尔市等地区开展了盟市内"点对点"水权转让工作，截至 2013 年 6 月，转换水量 3.32 亿 m³，完成了以包头市黄河灌区、鄂尔多斯市黄河南岸灌区、阿拉善盟李井滩扬水灌区等为核心的水权转让的节水工程以及配套工程，彻底改变了内蒙古黄河流域灌区水资源利用水平低下的状态，显著提升了灌区农业用水效率与灌溉保证率。在保证农牧业连续十几年丰收的基础上极大满足了工业发展需求，实现了水资源高效利用与配置。②引黄灌区主要作物（小麦、玉米、葵花等）的灌溉面积发生了变化，小麦的灌溉面积呈下降趋势，从 2005 年的 265.8 万亩减小到 2013 年的 68.4 万亩，净减少 197.4 万亩。玉米和葵花

的灌溉面积都呈现上升的趋势，其中玉米的灌溉面积从 2003 年的 208.6 万亩增加到 2013 年的 331.2 万亩，净增加 122.6 万亩，葵花的灌溉面积从 2003 年的 331.3 万亩增加到 2012 年的 431 万亩，净增加 99.7 万亩。而玉米和葵花的耗水量均比小麦少，这也直接导致了内蒙古引黄灌区用水量的减少。③各年份水文年型不同。

3. 2013 年以后农业取、用、排水演变分析

内蒙古黄河流域 2014—2016 年农业取、用、排水量统计见表 5-3。

表 5-3　　内蒙古黄河流域 2014—2016 年农业取、用、排水量统计表　单位：亿 m³

年　份	取　水　量	用　水　量	排　水　量
2014	69.38	46.42	22.96
2015	65.83	51.49	14.35
2016	56.58	46.03	10.55

由表 5-3 和图 5-1 可知，内蒙古黄河流域 2014—2016 年农业取、用、排水量仍呈上下波动的动态变化过程，整体用水量仍呈下降趋势，主要是由于：①自 2014 年起，内蒙古自治区在原有基础上进一步在巴彦淖尔市、鄂尔多斯市、阿拉善盟等地区开展了盟市间水权转让的"点对面"试点工作，并于次年列入全国七大水权试点，截至 2016 年，沿黄六盟市的李井滩、河套、黄河南岸、镫口等沿黄灌区的节水工程已基本完工，信息化建设已完成 90%以上，显著提升了农业用水效率与灌溉保证率；②引黄灌区主要作物（小麦、玉米、葵花等）的灌溉面积发生了变化，小麦的灌溉面积接近 2013 年水平，玉米和葵花的灌溉面积都呈现上升的趋势，进一步导致了内蒙古引黄灌区用水量的减少；③各年份水文年型不同。

（二）农业耗水结构分析

1. 农业种植结构变化分析

内蒙古黄河流域 2003—2016 年农业种植面积统计见表 5-4。

由表 5-4 和图 5-2 可以看出：

（1）内蒙古引黄灌区 2003—2016 年作物总灌溉面积呈现出先上升后降低再达到平稳变化的过程。

（2）主要作物（小麦、玉米、葵花等）的灌溉面积变化趋势为：小麦呈现先上升后下降的变化趋势，从 2003 年的 146.84 万亩上升到 2005 年的 265.84 万亩，再下降到 2016 年的 70.49 万亩，种植比例从 2003 年的 14.8%减少到 2016 年的 7.1%；玉米和葵花的灌溉面积都呈现上升的趋势，其中玉米的灌溉面积从 2003 年的 208.57 万亩增加到 2015 年的 366.12 万亩，种植比例从 2003 年的 21.1%增加到 2015 年的 36.4%，葵花的灌溉面积从 2003 年的 313.31 万亩增加到

2016 年的 461.36 万亩，种植比例从 2003 年的 31.6% 增加到 2016 年的 46.5%。

表 5-4　　　　内蒙古黄河流域 2003—2016 年农业种植面积统计表　　　单位：万亩

年份	小麦	油料	夏杂	瓜类	蔬菜	番茄	玉米	甜菜	葵花	秋杂	套种	合计
2003	146.84	52.28	7.47	87.08	22.94	9.49	208.57	11.61	313.31	25.91	105.22	990.72
2004	258.28	51.94	15.79	65.49	9.96	7.48	235.83	7.90	253.86	20.76	197.79	1125.08
2005	265.84	53.68	7.80	70.05	10.41	23.40	250.63	8.54	245.44	13.93	197.98	1147.70
2006	236.93	45.45	9.74	65.27	13.37	43.57	264.20	15.71	259.94	14.51	155.93	1124.62
2007	183.87	52.93	10.29	65.72	15.87	57.17	273.387	23.42	251.84	14.88	100.75	1050.61
2008	156.23	75.50	8.76	63.42	14.58	58.35	242.00	13.35	270.55	13.47	86.98	1003.19
2009	205.81	42.97	4.90	56.42	8.86	42.84	260.04	6.73	307.32	9.68	84.79	1030.36
2010	133.27	50.23	5.67	56.93	16.91	55.33	288.76	6.18	348.00	11.36	56.47	1029.11
2011	101.27	42.91	7.50	58.80	12.96	52.95	300.37	3.51	387.14	10.43	30.42	1008.26
2012	120.31	35.63	6.21	54.28	15.55	48.33	307.76	3.89	338.26	11.19	52.63	998.38
2013	68.42	22.57	6.21	48.40	19.06	34.73	331.17	2.43	431.02	13.04	21.89	998.94
2014	63.49	15.53	4.66	45.22	15.78	32.79	324.91	1.27	463.75	10.63	16.80	994.83
2015	64.35	13.65	6.18	51.21	23.35	31.64	366.52	4.71	413.48	14.48	16.25	1005.42
2016	70.49	11.59	8.43	62.42	22.73	27.25	293.69	16.65	461.36	5.29	13.04	992.94

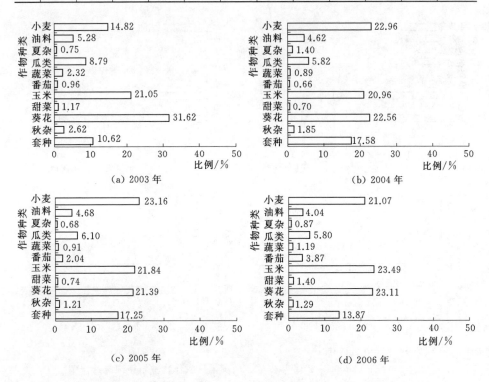

图 5-2（一）　2003—2016 年内蒙古引黄灌区农作物种植结构统计比例

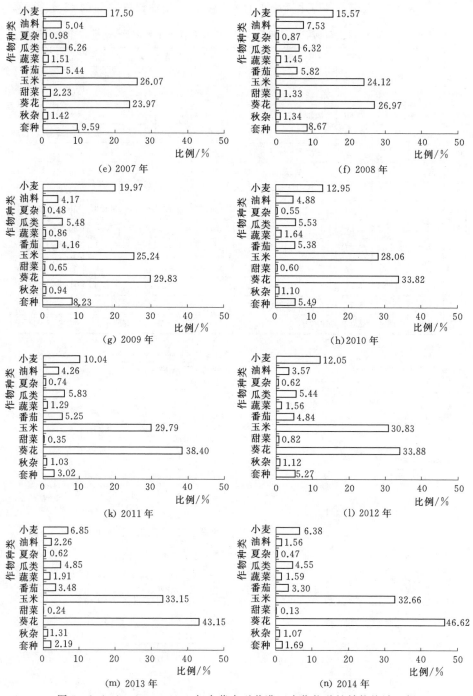

图 5-2（二） 2003—2016 年内蒙古引黄灌区农作物种植结构统计比例

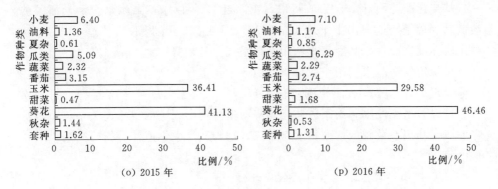

（o）2015 年　　　　　　　　　　　（p）2016 年

图 5-2（三）　2003—2016 年内蒙古引黄灌区农作物种植结构统计比例

2. 农业耗水变化

农业耗水与种植结构密切相关，由表 5-4 和图 5-2 可以看出，2003—2016 年由于主要作物小麦的灌溉面积大幅下降，而玉米和葵花的灌溉面积都大幅上升，因此，内蒙古引黄灌区农业耗水整体呈下降趋势。

（三）灌溉水利用效率评估

1. 河套灌区灌溉水利用效率评估

利用首尾测算分析法计算河套灌区 2000—2016 年灌溉水利用系数，见表 5-5 和图 5-3。

表 5-5　　　　　　　河套灌区 2000—2016 年灌溉水利用系数

年份	2000	2001	2002	2003	2004	2005	2006	2007	2008
系数	0.3668	0.3651	0.3780	0.3538	0.3974	0.4300	0.3708	0.3642	0.3887

年份	2009	2010	2011	2012	2013	2014	2015	2016	
系数	0.4042	0.4243	0.4082	0.4092	0.4125	0.4087	0.4184	0.4196	

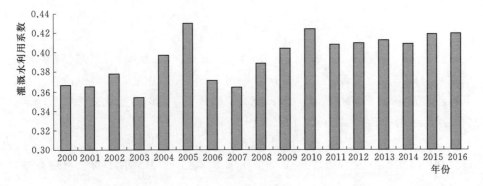

图 5-3　2000—2016 年河套灌区灌溉水利用系数

从变化趋势图（图5-3）可以看出，近17年以来，虽然整个河套灌区的灌溉水利用系数呈现出上下波动的趋势，但从2009年以后均超过了0.4，就整个河套灌区而言，其灌溉水利用系数呈现上升趋势。

单从历年灌溉水利用系数分析，由于节水工程不断完善，灌溉水利用系数总体呈现上升趋势；然而相邻年份出现锯齿状现象，结合水文年型分析其原因，可以看出灌溉水利用系数与年均降雨量呈现出一定的负相关关系，即丰水年灌溉水利用系数较低，而枯水年较高，这与武汉大学熊佳等的研究结果是相似的。

2. 黄河南岸灌区灌溉水利用效率评估

利用首尾测算分析法计算黄河南岸灌区2000—2016年灌溉水利用系数，见表5-6和图5-4。

表5-6 　　　　　　黄河南岸灌区2000—2016年灌溉水利用系数

年份	2000	2001	2002	2003	2004	2005	2006	2007	2008
系数	0.437	0.428	0.452	0.472	0.470	0.500	0.512	0.516	0.521
年份	2009	2010	2011	2012	2013	2014	2015	2016	
系数	0.528	0.531	0.532	0.535	0.537	0..541	0.544	0.548	

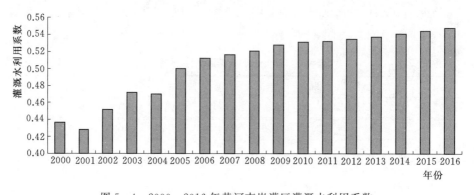

图5-4　2000—2016年黄河南岸灌区灌溉水利用系数

由表5-6和图5-4可知，从2000年至2016年，黄河南岸灌区灌溉水利用系数总体呈现上升趋势。黄河南岸灌区从2000年开始实施节水改造工程，节水改造在2005年初步完成，大部分渠道已衬砌，此时灌溉水效率明显增高，管理系统逐渐完善，灌溉水利用效率明显提高。

3. 镫口扬水灌区灌溉水利用效率评估

利用首尾测算分析法计算镫口扬水灌区2000—2016年灌溉水利用系数，见表5-7和图5-5。

表 5-7　　　　　镫口扬水灌区 2000—2016 年灌溉水利用系数

年份	2000	2001	2002	2003	2004	2005	2006	2007	2008
系数	0.445	0.451	0.431	0.425	0.451	0.453	0.455	0.454	0.452
年份	2009	2010	2011	2012	2013	2014	2015	2016	
系数	0.456	0.454	0.455	0.436	0.457	0..458	0.461	0.464	

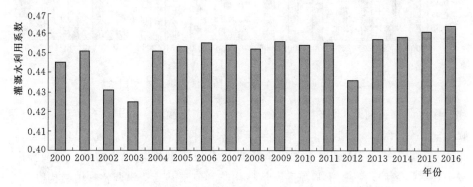

图 5-5　2000—2016 年镫口扬水灌区灌溉水利用系数

从变化趋势图（图 5-5）可以看出，近 17 年以来，虽然整个镫口扬水灌区的灌溉水利用系数呈现出上下波动的趋势，但从 2003 年以后（除 2012 年以外），均超过了 0.45，就整个镫口扬水灌区而言，其灌溉水利用系数呈现上升趋势。

4. 麻地壕扬水灌区灌溉水利用效率评估

利用首尾测算分析法计算麻地壕扬水灌区 2000—2016 年灌溉水利用系数，见表 5-8 和图 5-6。

表 5-8　　　　　麻地壕扬水灌区 2000—2016 年灌溉水利用系数

年份	2000	2001	2002	2003	2004	2005	2006	2007	2008
系数	0.427	0.429	0.435	0.447	0.452	0.461	0.457	0.465	0.454
年份	2009	2010	2011	2012	2013	2014	2015	2016	
系数	0.467	0.477	0.482	0.478	0.481	0.485	0.486	0.489	

由表 5-8 和图 5-6 可知，从 2000 年至 2016 年，麻地壕扬水灌区灌溉水利用系数整体呈现上升趋势；由 2000 年的 0.427 提高到 2016 年的 0.489，这是由于从 1999 年以来，麻地壕扬水灌区开始实施泵站与渠系节水改造工程，渠系输配水效率得到了很大提升。

二、主要节水工程与措施

主要节水工程与措施包括渠道衬砌、激光平地、畦田改造、配套渠系建筑

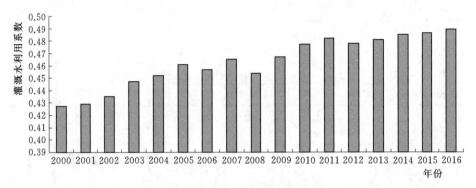

图 5-6　2000—2016 年麻地壕扬水灌区灌溉水利用系数

物、多水源(黄河水、淖尔水、地下水)联合应用滴灌、井渠结合灌溉、秋浇覆膜灌溉、作物立体种植、畦沟结合灌溉、水肥耦合高效利用、覆膜与秸秆覆盖、小麦复种向日葵、PAM 保水剂、生物炭节水保肥减排、SAP 保水、干种湿出、膜下滴灌、覆膜沟灌、覆膜喷灌、信息化监测、泵站改造、调整种植结构等。

三、交易潜力分析

(一)渠道工程节水潜力

渠道工程节水主要采取渠道防渗及建筑物配套等工程措施,提高渠道的渠系水利用系数和灌溉水利用系数,降低灌区综合毛灌溉定额,达到节水目的。此次渠道节水量的计算以"2016 年进入灌区渠道的水量按渠道水利用系数计算其衬砌前后的渗漏损失量,其差值为节水量"的方法进行计算。

河套灌区、黄河南岸灌区、镫口扬水灌区、麻地壕扬水灌区渠道衬砌节水潜力分析分别见表 5-9～表 5-12。

表 5-9　　　　　　　　　河套灌区渠道衬砌节水潜力分析

渠道类别	渠道水利用系数		未衬砌情况下/万 m³			衬砌情况下/万 m³			衬砌前后减少损失量/万 m³
	衬砌前	衬砌后	渠首净进水量	渠尾出水量	损失水量	渠首净进水量	渠尾出水量	损失水量	
总干渠	0.9405	0.9434	393300	369899	23401	393300	371039	22261	1140
干渠	0.8241	0.9421	369899	304833	65066	371039	349556	21483	43583
分干渠	0.7892	0.9338	304833	240575	64258	349556	326415	23141	41117
支渠	0.8976	0.9473	240575	215940	24635	326415	309213	17202	7433
斗渠	0.9284	0.9766	215940	200478	15462	309213	301978	7235	8227
农渠	0.9416	0.9862	200478	188771	11707	301978	297810	4168	7539
合计									109039

表 5 - 10　　　　　　　黄河南岸灌区渠道衬砌节水潜力分析

渠道类别	渠道水利用系数		未衬砌情况下/万 m³			衬砌情况下/万 m³			衬砌前后减少损失量/万 m³
	衬砌前	衬砌后	渠首净进水量	渠尾出水量	损失水量	渠首净进水量	渠尾出水量	损失水量	
总干渠	0.95	0.9962	20700	19665	1035	20700	20621	79	956
干渠	0.78	0.9839	19665	15339	4326	20621	20289	332	3994
支渠	0.83	0.9718	15339	12731	2608	20289	19717	572	2036
斗渠	0.85	0.9770	12731	10821	1910	19717	19264	453	1457
农渠	0.95	0.9874	10821	10280	541	19264	19021	243	298
合计									8741

表 5 - 11　　　　　　　镫口扬水灌区渠道衬砌节水潜力分析

渠道类别	渠道水利用系数		未衬砌情况下/万 m³			衬砌情况下/万 m³			衬砌前后减少损失量/万 m³
	衬砌前	衬砌后	渠首净进水量	渠尾出水量	损失水量	渠首净进水量	渠尾出水量	损失水量	
总干渠	0.9409	0.9833	15800	14866	934	15800	15536	264	670
分干渠	0.7647	0.9448	14866	11368	3498	15536	14679	857	2641
支渠	0.8722	0.9594	11368	9915	1453	14679	14083	596	857
斗渠	0.8697	0.9618	9915	8623	1292	14083	13545	538	754
合计									4922

表 5 - 12　　　　　　　麻地壕扬水灌区渠道衬砌节水潜力分析

渠道类别	渠道水利用系数		未衬砌情况下/万 m³			衬砌情况下/万 m³			衬砌前后减少损失量/万 m³
	衬砌前	衬砌后	渠首净进水量	渠尾出水量	损失水量	渠首净进水量	渠尾出水量	损失水量	
总干渠	0.9674	0.9961	11100	10738	362	11100	11057	43	319
干渠	0.9592	0.9716	10738	10300	438	11057	10743	314	124
分干渠	0.8761	0.9589	10300	9024	1276	10743	10301	442	834
支渠	0.8081	0.965	9024	7292	1732	10301	9941	360	1372
斗渠	0.7089	0.9713	7292	5169	2123	9941	9655	286	1837
合计									4486

（二）田间工程节水潜力

内蒙古引黄灌区 2016 年灌水田块面积为 1~3 亩，根据黄河水利委员会黄河水利科学研究院编制的《鄂尔多斯市黄河南岸灌区水权转换暨现代农业高效节水工程核查及节水效果评估报告》，畦田改造后为 0.5 亩左右，畦田改造的节水量，自流灌区约为 90m³/亩，扬水灌区约为 44m³/亩，此次引黄自流灌区平整土地及缩小地块节水量取 80m³/亩，扬水灌区取 40m³/亩，计算结果见表 5-13。

表 5-13   内蒙古引黄灌区平整土地及缩小地块节水潜力分析

灌 区 名 称		2016 年灌溉面积/万亩	灌区节水量/万 m³
河套灌区		853.78	68302.4
黄河南岸灌区	自流灌区	32	2560
	扬水灌区	41.89	1675.6
镫口扬水灌区		41.2	1648
民族团结灌区		32	1280
麻地壕扬水灌区		46	1840
李井滩灌区		7.29	291.6
乌海灌区		8.5	340
合 计		1030.66	77937.6

（三）基于生态约束条件下的节水潜力初步分析

内蒙古沿黄地区属于典型干旱区，灌区周边生态环境脆弱，引黄灌区长期引用黄河水灌溉形成了适应区域引排水条件的独特绿洲生态格局，灌溉不仅补充了作物生育期用水，而且对当地地下水有一定的补给作用，合理的地下水位成为维持灌区及其周边绿洲的重要保障，大规模高强度的节水必然会减少灌区地下水回归水量，进而改变灌区水循环过程和地下水补给规律，对灌区及其周边植被、湖泊湿地带来影响，因此，在计算其节水潜力时应充分考虑灌区及周边的生态约束。王林威、武见等的研究表明，内蒙古引黄灌区维持周边生态系统所需的地下水埋深不超过 2.5m，红线水位为地下水埋深不超过 3m。

内蒙古引黄灌区生态系统需水量计算涉及较多因素，需要全面的基础数据，如不同灌区的优势植被及其分布面积、耗水量；灌区内湖泊、沼泽湿地的分布面积，湖泊湿地蒸发量，草本沼泽蒸散发量，地下水埋深，盐分平衡等。由于时间所限，此次仅从渠系衬砌、田块平整和改变田块面积等节水角度分析了内蒙古引黄灌区的毛节水潜力，结果为 205125.6 万 m³，并未考虑生态用水需求，今后将全面分析引黄灌区生态用水，寻找节水与生态的平衡点，为内蒙古黄河流域水权交易制度建设发展战略的制定提供更为翔实的依据。

四、小结

本章根据内蒙古黄河流域水权交易的不同阶段，首先对内蒙古引黄灌区用水水平演变进行了分析，对各灌区的种植结构调整过程进行了研究；在此基础上，利用首尾测算分析法对内蒙古引黄灌区的灌溉水利用系数进行了测算，并对变化趋势进行了分析，最后从渠道衬砌、田块平整和改变田块面积等节水角度初步计算了内蒙古引黄灌区的节水潜力，得到以下主要成果：

（1）内蒙古引黄灌区 2003 年以前农业取、用、耗、排水量呈现上下波动的动态变化过程，但整体取、用、耗水量较大；从 2003 以来整体取、用、耗水量较 2003 之前呈现下降趋势。

（2）内蒙古引黄灌区主要作物（小麦、玉米、葵花等）小麦的灌溉面积呈现先上升后下降的变化趋势；玉米和葵花的灌溉面积都呈现上升趋势。

（3）内蒙古引黄灌区的灌溉水利用系数整体呈现上升趋势。

（4）内蒙古引黄灌区的节水潜力约为 205125.6 万 m^3。

第六章 工业用水与交易潜力分析

一、用水水平分析

通过统计内蒙古黄河流域 2010—2015 年已批复取用黄河水的工业、企业的相关资料，能够计算出不同行业的实际用水水平，与内蒙古自治区行业用水定额相比较，用水水平分析评价见表 6-1。

表 6-1　内蒙古黄河流域 2010—2015 年各行业已批复取用黄河水用水水平分析评价

序号	项 目 名 称	行业类别	主要产品	规模	用水量/(万 m³/a)	实际用水水平	内蒙古自治区行业用水定额	评价
1	大唐国际托克托发电有限责任公司托克托电厂五期（2×660MW 空冷机组）项目	火力发电	发电（空冷）	2×660MW	390.5	0.094 m³/s·GW	0.10 m³/s·GW	优于
2	内蒙古包头铝业有限公司自备电厂（包头东河热电厂）2×300MW 空冷发电供热机组工程	火力发电	发电（空冷）	2×300MW	182	0.027 m³/s·GW	0.11 m³/s·GW	优于
3	内蒙古华电土右电厂一期（2×600MW）工程	火力发电	发电（空冷）	2×600MW	328.4	0.086 m³/s·GW	0.10 m³/s·GW	优于
4	内蒙古能源发电投资集团有限公司包头固阳金山工业园区热电厂 2×350MW 机组工程	火力发电	发电（空冷）	2×350MW	188.81	0.085 m³/s·GW	0.11 m³/s·GW	优于
5	土默特右旗电厂一期 2×1000MW 超临界燃煤空冷机组工程	火力发电	发电（空冷）	2×1000MW	348.51	0.056 m³/s·GW	0.10 m³/s·GW	优于
6	鄂尔多斯市纳林河化工项目区 1×12MW 煤矸石综合利用热电站项目	火力发电	发电（空冷）	1×12MW	37.01	0.88 m³/s·GW	0.40 m³/s·GW	优于
7	鄂尔多斯市东荣赐路桥开发有限公司 2×12MW 热电联产项目	火力发电	发电（空冷）	2×12MW	24.67	0.648 m³/s·GW	0.40 m³/s·GW	高于

续表

序号	项目名称	行业类别	主要产品	规模	用水量/（万 m³/a）	实际用水水平	内蒙古自治区行业用水定额	评价
8	内蒙古蒙泰不连沟煤业有限责任公司大路 2×300MW 煤矸石热电厂项目	火力发电	发电（空冷）	2×300MW	191.1	0.118 m³/s·GW	0.11 m³/s·GW	偏高
9	鄂尔多斯市蒙大公司煤矸石综合利用热电站（1×12MW 背压式机组）项目	火力发电	发电（空冷）	1×12MW	40.38	1.14 m³/s·GW	0.40 m³/s·GW	高于
10	鄂尔多斯市君正能源化工有限公司蒙西低热值煤发电项目	火力发电	发电（空冷）	2×330MW	138.3	0.082 m³/s·GW	0.11 m³/s·GW	优于
11	内蒙古魏家峁电厂一期 2×660MW 空冷机组工程	火力发电	发电（空冷）	2×660MW	333.3	0.113 m³/s·GW	0.10 m³/s·GW	偏高
12	呼和浩特抽水蓄能电站施工临时用水项目	其他能源发电	水力发电	4×300MW	584.5	0.56 m³/MW·h	0.56 m³/MW·h	相等
13	中环光伏材料有限公司绿色再生能源太阳能电池用单晶硅材料产业化工程一期项目	其他能源发电	太阳能发电	110MW	79.78	0.83 m³/MW·h	0.56 m³/MW·h	高于
14	包头市山晟新能源有限责任公司年产 200MW 太阳能电池片及组件项目	其他能源发电	太阳能发电	200MW	106.4	0.61 m³/MW·h	0.56 m³/MW·h	偏高
15	内蒙古伊泰广联煤化有限责任公司红庆河矿井及选煤厂工程	烟煤和无烟煤的开采洗选	原煤	1500 万 t/a	238	0.08m³/t	0.2m³/t	优于
			洗选煤			0.06m³/t	0.1m³/t	优于
16	神华集团准格尔能源有限责任公司黑岱沟露天煤矿及选煤厂 800 万 t/a 改扩建工程	烟煤和无烟煤的开采洗选	原煤	800 万 t/a	120.58	0.065m³/t	0.2m³/t	优于
			洗选煤			0.070m³/t	0.1m³/t	优于
17	神华集团准格尔能源有限责任公司哈尔乌素露天煤矿及选煤厂 2000 万 t/a 工程	烟煤和无烟煤的开采洗选	原煤	2000 万 t/a	279.82	0.072m³/t	0.2m³/t	优于
			洗选煤			0.054m³/t	0.1m³/t	优于
18	鄂尔多斯市荣通煤炭经销有限公司吉格斯太煤炭物流园区 200 万 t/a 选煤厂项目	烟煤和无烟煤的开采洗选	原煤	200 万 t/a	13.07	0.031m³/t	0.2m³/t	优于

续表

序号	项目名称	行业类别	主要产品	规模	用水量/(万 m³/a)	实际用水水平	内蒙古自治区行业用水定额	评价
19	北方石油内蒙古新能源乌审旗液化天然气项目（一期20万t/a）	原油加工业及石油制品制造	液化天然气	20万t/a	33	1.43m³/t	0.8m³/t	高于
20	乌拉特中旗镒鑫矿业有限公司3万t/a金精粉采选项目	金矿采选	黄金精粉	3万t/a	2.15	0.72m³/t	1.25m³/t	优于
21	乌拉特前旗兴盛达矿业有限责任公司10万t/a铁精粉生产线建设项目	铁矿采选	铁精粉	10万t/a	60.05	5.96m³/t	3.5m³/t	高于
22	乌拉特前旗龙鹏矿业有限责任公司20万t/a铁精矿项目	铁矿采选	铁精粉	20万t/a	37.75	1.89m³/t	3.5m³/t	优于
23	乌拉特前旗聚德成金圣达矿业有限公司30万t/a铁精粉选矿工程	铁矿采选	铁精粉	30万t/a	58.83	1.96m³/t	3.5m³/t	优于
24	乌拉山矿业有限公司乌拉特前旗色气口铁矿年采选30万t铁矿石项目	铁矿采选	铁精粉	30万t/a	80.85	2.05m³/t	3.5m³/t	优于
25	乌拉特前旗物华矿业有限责任公司30万t/a铁精粉项目	铁矿采选	铁精粉	30万t/a	80	2.67m³/t	3.5m³/t	优于
26	乌拉特前旗芙蓉矿业有限公司铁矿石1005万t/a选矿项目	铁矿采选	铁精粉	1005万t/a	173.42	1.23m³/t	3.5m³/t	优于
27	乌拉特前旗聚德成龙宝矿业有限公司30万t/a铁精粉选矿工程	铁矿采选	铁精粉	30万t/a	95.54	3.16m³/t	3.5m³/t	优于
28	乌拉特前旗海流斯太矿业有限责任公司100万t/a铁精粉节能技改扩建资源综合利用项目	铁矿采选	铁精粉	100万t/a	232.18	2.29m³/t	3.5m³/t	优于
29	包头市山晟新能源有限责任公司年产400MW太阳能级光伏单晶硅片生产项目	非金属矿物制品	单晶硅	1.31万t/a	296.14	226m³/t	6000m³/t	优于
30	内蒙古山路煤炭集团有限责任公司太阳能多晶硅生产项目	非金属矿物制品	单晶硅	0.97万t/a	325.58	334.5m³/t	6000m³/t	优于

续表

序号	项目名称	行业类别	主要产品	规模	用水量/（万 m³/a）	实际用水水平	内蒙古自治区行业用水定额	评价
31	国电内蒙古晶阳能源有限公司3000t/a多晶硅项目	非金属矿物制品	多晶硅	3000t/a	402.72	1343m³/t	2180m³/t	优于
32	包头钢铁（集团）有限责任公司"十二五"结构调整稀土钢总体发展规划项目	炼钢	钢材（转炉炼钢）	560万t/a	1747.2	3.12m³/t	3m³/t	偏高
33	内蒙古大唐国际呼和浩特利用高铝煤炭年产50万t氧化铝及深加工一体化项目	铝冶炼	氧化铝（烧结法）	50万t/a	285	5.7m³/t	5m³/t	偏高
34	内蒙古大唐国际鄂尔多斯利用高铝煤炭年产50万t氧化铝及深加工一体化项目	铝冶炼	氧化铝（烧结法）	50万t/a	473.5	9.47m³/t	5m³/t	高于
		其他基础化学原料制造	活性硅酸钙	46.5万t/a	528.37	11.36m³/t	5m³/t	高于
35	庆华集团焦化二期、三期200万t/a扩建工程	炼焦	干全焦	200万t/a	342.7	1.53m³/t	0.55m³/t	高于
36	鄂尔多斯市金诚泰化工有限责任公司60万t/a天然气制甲醇气头变煤头技术改造工程	有机化工原料制造	精甲醇（原料为天然气）	60万t/a	605.49	8.59m³/t	6m³/t	高于
37	中天合创能源有限责任公司鄂尔多斯300万t/a二甲醚项目	有机化工原料制造	二甲醚	300万t/a	3796	9.73m³/t	1.5m³/t	高于
38	泛海能源投资包头有限公司180万t/a煤制甲醇项目	有机化工原料制造	甲醇	180万t/a	1540.4	8.56m³/t	9m³/t	优于
39	神华乌海煤焦化有限公司50万t/a以焦炉气为原料低压合成甲醇装置	有机化工原料制造	甲醇	50万t/a	423.94	7.32m³/t	9m³/t	优于
40	蒙大新能源化工基地发开有限公司120万t/a二甲醚项目一期60万t/a甲醇工程	有机化工原料制造	甲醇	60万t/a	666.14	9.89m³/t	9m³/t	偏高
41	国泰化工有限公司40万t/a煤制甲醇项目	有机化工原料制造	甲醇	40万t/a	399.3	9m³/t	9m³/t	相等

续表

序号	项 目 名 称	行业类别	主要产品	规模	用水量/(万 m³/a)	实际用水水平	内蒙古自治区行业用水定额	评价
42	东华能源有限责任公司120万t/a甲醇（一期60万t/a）项目	有机化工原料制造	甲醇	60万t/a	450	7.1m³/t	9m³/t	优于
43	鄂尔多斯市西北能源化工有限责任公司20万t/a煤制甲醇项目	有机化工原料制造	甲醇	20万t/a	210.2	9.56m³/t	9m³/t	偏高
44	荣信化工有限公司180万t/a煤制甲醇及转化烯烃一期60万t/a甲醇项目	有机化工原料制造	甲醇	60万t/a	575.5	8.7m³/t	9m³/t	优于
45	三维煤化科技有限公司20万t/a甲醇项目	有机化工原料制造	甲醇	20万t/a	201.34	9.97m³/t	9m³/t	偏高
46	中天合创鄂尔多斯煤炭深加工示范项目一期360万t/a甲醇项目	有机化工原料制造	甲醇	360万t/a	1798.9	4.4m³/t	9m³/t	优于
47	伊泰化工有限责任公司120万t/a精细化学品项目	有机化工原料制造	轻油	120万t/a	1080.9	8.1m³/t	1m³/t	高于
48	伊泰煤制油有限责任公司200万t/a煤炭间接液化示范项目	有机化工原料制造	轻油	200万t/a	1356	5.5m³/t	1m³/t	高于
49	准格尔旗煤炭清洁高效综合利用示范项目建投通泰40亿m³/a煤制天然气项目	有机化工原料制造	煤制天然气	40亿m³/a	2054.84	4.474 m³/1000Nm³	10 m³/1000Nm³	优于
50	内蒙古鄂尔多斯联合化工有限公司60万t/a合成氨工程	氮肥制造	合成氨（原料为天然气）	60万t/a	585.07	7.61m³/t	7m³/t	高于
51	内蒙古鄂尔多斯联合化工有限公司104万t/a尿素工程	氮肥制造	尿素	104万t/a	325.55	2.49m³/t	8.6m³/t	优于

续表

序号	项 目 名 称	行业类别	主要产品	规模	用水量/(万 m³/a)	实际用水水平	内蒙古自治区行业用水定额	评价
52	伊泰化工有限责任公司60万 t/a合成氨、104万 t/a尿素项目	氮肥制造	合成氨（原料为天然气）	60万 t/a	1205.3	17.08m³/t	7m³/t	高于
		氮肥制造	尿素	104万 t/a		9.85m³/t	8.6m³/t	高于
53	内蒙古齐华矿业有限公司40万 t/a复合肥配套8万 t/a合成氨项目	氮肥制造	合成氨	8万 t/a	68.59	8.57m³/t	8m³/t	偏高
54	博大实地化学有限公司100万 t/a合成氨、100万 t/a尿素、120万 t/a纯碱项目	氮肥制造	合成氨	100万 t/a	2170.7	6.64m³/t	8m³/t	优于
		氮肥制造	尿素	100万 t/a		6.64m³/t	8.6m³/t	优于
		无机碱制造	纯碱	120万 t/a		4.97m³/t	7m³/t	优于
55	鄂尔多斯市东海新能源有限公司36万 t/a烧碱、40万 t/a PVC项目	无机碱制造	烧碱	36万 t/a	579.24	8.2m³/t	8.5m³/t	优于
		初级形态的塑料及合成树脂制造	聚氯乙烯	40万 t/a		6.24m³/t	8m³/t	优于
56	博源煤化工有限责任公司100万 t/a聚氯乙烯、100万 t/a纯碱项目	无机碱制造	纯碱	100万 t/a	981.87	3.56m³/t	7m³/t	优于
		初级形态的塑料及合成树脂制造	聚氯乙烯	100万 t/a		5.04m³/t	8m³/t	优于
57	鄂尔多斯市君正能源化工有限公司60万 t/a烧碱、60万 t/a聚氯乙烯项目一期30万 t/a烧碱、30万 t/a聚氯乙烯项目	无机碱制造	烧碱	30万 t/a	429.5	5.2m³/t	8.5m³/t	优于
		初级形态的塑料及合成树脂制造	聚氯乙烯	30万 t/a		8m³/t	8m³/t	相等

续表

序号	项 目 名 称	行业类别	主要产品	规模	用水量/（万 m³/a）	实际用水水平	内蒙古自治区行业用水定额	评价
58	久泰能源（准格尔）有限公司甲醇深加工项目	初级形态的塑料及合成树脂制造	聚乙烯	23.14万 t/a	313.65	4.37m³/t	13m³/t	优于
			聚丙烯	36.88万 t/a		6.96m³/t	14m³/t	优于
59	中天合创鄂尔多斯煤炭深加工示范项目二期工程	初级形态的塑料及合成树脂制造	聚乙烯	67 万 t/a	398	2.5m³/t	13m³/t	优于
			聚丙烯	70 万 t/a		2.61m³/t	14m³/t	优于
60	内蒙古太西煤集团股份有限公司古拉本矿区 20 万 t/a 煤基活性炭项目	其他基础化学原料制造	煤基活性炭	20 万 t/a	181.7	8.18m³/t	13m³/t	优于
61	内蒙古太西煤集团股份有限公司 100 万 t/a 煤基活性炭（一期 25 万 t/a）项目	其他基础化学原料制造	煤基活性炭	25 万 t/a	134.64	5.29m³/t	13m³/t	优于
62	内蒙古齐华矿业有限公司 38 万 t/a 硫铁矿制酸扩建项目三期 16 万 t/a 制酸工程	无机酸制造	工业硫酸（硫铁矿）	16 万 t/a	86.56	5.39m³/t	6m³/t	优于
63	巴彦淖尔市团羊有限公司 4800t/d 熟料新型干法水泥生产线配套 9MW 纯低温余热发电项目	水泥制造	水泥	200 万 t/a	95.64	0.48m³/t	0.5m³/t	优于
64	齐鲁制药（内蒙古）有限公司 1200t/a 阿维菌素项目	化学农药制造	阿维菌素（杀虫剂）	1200t/a	143.92	1199.33 m³/t	80m³/t	高于
65	阜丰生物科技有限公司 100 万 t/a 玉米深加工及配套项目	淀粉制造	淀粉	100 万 t/a	45.06	0.75m³/t	3m³/t	优于

二、主要节水工程与措施

"十三五"期间，是内蒙古自治区继续加速推进新型工业化、产业结构优化升级，实现跨越式发展的重要阶段。主要任务为：①合理调整工业布局和工业结构，以水定规模，引导工业项目向水源工程附近布局，不断降低高用水、高污染行业比重，大力发展优质、低耗、高附加值产业，努力打造节水型工业体系；②加快工业产业结构调整，大力发展节水型工业，对一些耗水量大、用水效益低的工业企业要采取节水措施改造升级，提高工业用水的循环利用率；③完善用水计量系统，实行用水水平、用水考核和节水奖励、浪费惩罚制度，全面实行阶梯水价。

（一）火力发电行业

（1）主机冷却采用直接或间接空冷系统，与同等容量的湿冷机组相比，节水达 80% 以上。辅机冷却采用二次循环冷却系统，机械通风冷却塔内加装节水装置，减少水雾蒸发损失。部分严重缺水地区，辅机亦采用空冷系统。

（2）除灰渣系统采用干式除灰渣方式，可大大降低电厂耗水率。

（3）锅炉排污水、含煤废水、生活污水等分别排入工业废水处理站、含煤废水处理站和生活污水处理站，工业废水处理后经水泵升压后供给全厂服务用水系统；脱硫废水直接用于干灰加湿用水，提高水的重复利用率，减少全厂补水量，同时使废水不外排，满足环保要求。

（4）蒸汽采暖系统设有凝结水回收装置，减少厂内汽水损失。

（5）脱硫工序在烟道上加装低温省煤器，降低烟气入脱硫塔温度，节约脱硫用水量。

（二）化工行业（含石油化工）

（1）将蒸汽冷凝水通过管路集中收集，用于对加热温度有不同需求的设备，实现低温热能的梯级利用。

（2）将还原的高温水余热进行回收利用，回收的热量供提纯工序利用，从而减少蒸汽用量，间接减少新鲜水使用量。

（3）对透平机组尽可能采用空冷技术进行循环冷却，以减少循环水用量，相应减少补充水用量。

（4）对需要水冲洗的过滤器及设备尽量采用气水反冲洗来清洗，以便减少新鲜水的用量。

（5）采用干法脱硫，同时脱硫之后，采用一段转化炉和高温变化炉制得 H_2，该过程是吸热反应，加热介质为蒸汽，装置增加了转化废锅和高变废锅，用以回收空气中氧气与氢气燃烧放出的热量，可节约蒸汽的使用量，进而减少新鲜水的消耗量。

（6）采用干法除尘，比湿式除尘器节约用水。

（7）冷却系统采用机械通风逆流混合结构，钢筋混凝土框架，阻燃型玻璃钢维护板以及动能回收型玻璃钢风筒，为了减少塔的风吹损失，在塔内加装除水器，使风吹损失率由 0.1% 降至 0.05%。

（8）闭式循环水站采用空冷技术，冷却塔采用干湿式联合蒸发式冷却器。

其节水效果明显：管内除盐水闭路循环，基本不需要补水。管外冷却主要靠空气，喷淋水作为调温手段。根据生产实践，闭式空冷循环冷却水系统比开式冷却塔的传统工业循环冷却水系统节水近40%。

（9）设置回用水处理站、污水处理站，废水全部回用，废水达到零排放。

（10）采用煤液化高浓度污水预处理及臭氧氧化系统：在3T池前增加强化微电解＋高效催化氧化＋混凝沉淀设施；在3T池后增加两级臭氧氧化装置。采用精制反渗透及MBR＋RO深度处理系统：新增A/O＋MBR＋UF＋RO装置对高浓度及含油系统出水进行深度处理；增加UF＋RO装置对PT产品水、E1蒸发器产品水、汽提后E2蒸发器产品水进行深度处理。

（11）采用多效蒸发器进行多效蒸发结晶。蒸汽首先被引入到一效加热室作为一效加热室的热源，一效溶液被加热后在一效分离室产生的二次汽进入二效加热室作为二效加热室的热源，二效蒸发产生的二次汽进入三效加热室作为三效的热源。形成了蒸汽梯级利用，有效地减少了蒸汽使用量，减少了循环水使用量。

（三）焦化行业

（1）焦油蒸馏采用空冷器冷却轻油馏分，减少了工序循环水量，相对于净循环水冷却系统减少了循环水量带来的蒸发、风吹和排污损失，节约了新鲜水使用量。

（2）改质沥青各个原料与工艺中热馏分充分换热，减少了蒸汽、煤气的消耗量，蒸汽使用量的减少可以有效较少新鲜水的消耗量。

（3）熄焦工段补水为生产废水，根据各地区熄焦运行经验，熄焦工段对水质要求较低，浓盐水等生产废水均可回用于熄焦工段，即可减少新水补水量。

（4）工业萘蒸馏根据馏分的不同特点选择开式、闭式冷凝冷却方式，可有效减少循环水使用量，减少了循环水量带来的蒸发、风吹和排污损失，从而减少新鲜水使用量。

（5）采用合适的水质稳定技术，提高循环水浓缩倍率，降低水的消耗量。

（四）采掘业行业

（1）生活、生产废水和滤液回收利用。针对水资源严重短缺的区域，生产过程中采用节水措施尽量减少生产环节中的水量损耗，将生活污水和生产废水回收经处理后重复利用。同时将选煤厂生产过程中的废水回收至煤泥水处理站，经离心机高效处理后，将离心清液回用至选煤厂重复使用，形成闭路循环水系统。

（2）污泥高效处理，降低污水站处理损耗。为了减少厂区内生活污水处理站和井下排水处理站的处理损耗，达到节约用水的目的，将污水处理站产生的剩余污泥送入厂区的污泥浓缩池进行浓缩并投加混凝剂，经离心机高效脱水后，浓缩池上清液返回至污水处理站重复使用。浓缩后的污泥再送入污泥压滤车间，通过压滤机皮带压缩将污泥压成泥饼，泥饼外运，滤液回收利用。

（五）钢铁行业

（1）烧结系统采用鼓风环式冷却系统，炼铁、炼钢及轧钢系统采用强制循环汽化冷却和自然循环汽化冷却相结合的复合循环冷却方式。复合循环冷却方式可节约大量冷却水。

（2）冷却塔未加装除水器前风吹损失为循环水量的 0.3%～0.5%，加装除水器后冷却塔的风吹损失仅为 0.1%，冷却塔加装除水器后，可有效降低冷却塔的风吹损失。

（3）对整个装置的冷凝液、滤液、清洗水等回收利用，作为脱盐水站补水，节约了新水补水量；将生产、生活污废水经过中心水处理站处理后，再经过脱盐水站处理后回用于各工序，做到全厂污废水不外排。

（4）脱盐水站产生的浓盐水作为原料场洒水用水、烧结混料用水、高炉冲渣用水、固废处理用水、炼钢闷渣用水等，做到浓盐水全部回收利用，无外排。

（5）炼铁高炉本体及热风阀采用软水密闭循环，节约了开路循环的水消耗量及电消耗量。

（6）采用转炉干法除尘、连铸高效气雾冷却喷嘴技术降低水耗，采用连铸坯热装热送技术降低加热炉能耗。

（六）冶金行业

（1）电解烟气净化采用干法净化技术，净化系统在运行过程中，无直接参与的工艺用水，节水效果明显。

（2）电解烟气净化循环水系统排水水质清洁，回用于铸造循环水系统补水，减少新水取用量，达到节水的目的。

（3）污水处理站采用"MBR 膜片"处理工艺，对厂区生活、生产污废水进行处理，处理后可回用于湿法脱硫系统，实现污水零排放，并减少生产取用新水量，达到节能减排的目的。

（七）一般工业

一般工业主要包括天然气开采业、煤炭采选业、金属矿采选业，烟草加工业、服装及其他纤维制品制造业、家具制造业、印刷业和记录媒介的复制、文教体育用品制造业、普通机械制造业、专用设备制造业、煤气的生产和供应业、自来水的生产和供应业。一般工业节水的主要措施有：淘汰高耗水工艺和设备；鼓励节水技术开发和节水设备、器具的研制，重点抓工业内部循环用水，提高重复利用率；运用经济手段推动节水的发展，鼓励和支持工业企业进行节水技术改造；强化企业内部用水管理和建立计量体系，加强用水定额管理，推行用水审计制度，实行污染物排放总量控制。

三、交易节水潜力

（一）节水指标与标准分析

工业节水重点是火电、化工、造纸、冶金、纺织和食品等高用水行业，水资源短缺地区要限制高用水行业发展。工业生产进一步完善自身产业结构和技术水平升级以及产品的更新换代，以达到国家工业化发展所规定的用水要求，全面推广新技术、新工艺，减少用水消耗，加强用水定额管理，加快节水技术的推广应用，提高污水处理能力和回用水平，进一步提高水的重复利用率。大力推广国家和内蒙古自治区鼓励的节水技术、工艺和产品，加强企业技术升级改造、工艺改革和设备更新，发展和应用工业用水重复利用、冷却节水、热力和工艺系统节水、洗涤节水等技术，并配套完善相应设施。

（二）节水重点与空间分析

重点提出高用水、重污染行业的工业节水主要对策与措施。在合理调整工业布局，加快产业结构调整与经济发展方式转变，严格市场准入，限制高消耗、高排放、低效率、产能过剩行业盲目发展的同时，通过加强用水管理、节水技术改造以及非常规水源利用等措施，降低单位产品取水量和排污量，全面提高工业节水水平。

（1）促进产业结构调整与经济发展方式转变，根据水资源条件和工业发展水平，通过加强用水总量控制和定额管理、严格实行水资源论证等措施，限制高耗水、高排放、低效率、产能过剩行业盲目发展，科学引导和促进工业结构、工业布局合理调整。

（2）大力推进节水型企业建设。积极开展节水型企业创建活动，树立一批行业示范典型。制定企业节水目标、节水计划，把节水工作贯穿于企业管理、生产全过程。通过强化管理、加强节水技术改造、开展水平衡测试等措施，挖掘节水潜力，提高用水效率。大型骨干企业（集团）要积极率先创建节水示范企业和无排水企业。

（3）以工业园区建设作为抓手，实现工业节水的跨越发展。园区统一供水，企业采用高效、安全、可靠的节水工艺，降低单位产品取水量。加强废水综合处理，实现废水资源化。

（4）大力推广节水工艺技术和设备。重点抓好火力发电等高耗水行业节水技术改造，大力推广使用再生水、矿井水和煤中取水等非常规水源。

（三）节水潜力分析

根据内蒙古黄河流域2010—2015年已批复取用黄河水项目统计，通过与内蒙古自治区行业用水定额进行对比分析，判断各项目耗水的高低程度。当实际用水水平大于内蒙古自治区行业用水定额时，属高耗水项目，分别是原煤开采洗选、石油制品制造（天然气）、铁矿采选、非金属矿物制品、铝冶炼、火力发电、有机化工原料制造（甲醇、二甲醚、轻油）、其他基础化学原料制造（煤基活性炭）、初级形态的塑料及合成树脂制造和氮肥制造等项目。

依据最严格水资源管理制度和"三条红线"制度，通过利用内蒙古自治区行业用水定额对高耗水项目进行约束，将内蒙古自治区行业用水定额作为标准，即现有的一些高耗水行业的实际用水水平等于内蒙古自治区行业用水定额，从而得出高耗水项目用水过程中可节约的水量。计算结果见表6-2。

表6-2　　　　高耗水行业以内蒙古自治区行业用水定额为
标准可节约的水量计算表

序号	项目名称	行业类别	主要产品	规模	用水量/（万 m³/a）	实际用水水平	内蒙古自治区行业用水定额	节约水量/（万 m³/a）
1	鄂尔多斯市东荣赐路桥开发有限公司2×12MW热电联产项目	火力发电	发电（空冷）	2×12MW	24.67	0.648 m³/s·GW	0.40 m³/s·GW	9.44
2	内蒙古蒙泰不连沟煤业有限责任公司大路2×300MW煤矸石热电厂项目	火力发电	发电（空冷）	2×300MW	191.1	0.118 m³/s·GW	0.11 m³/s.GW	29.15
3	鄂尔多斯市蒙大公司煤矸石综合利用热电站（1×12MW背压式机组）项目	火力发电	发电（空冷）	1×12MW	40.38	1.14 m³/s·GW	0.40 m³/s·GW	26.21
4	内蒙古魏家峁电厂一期2×660MW空冷机组工程	火力发电	发电（空冷）	2×660MW	333.3	0.113 m³/s·GW	0.10 m³/s·GW	38.34
5	中环光伏材料有限公司绿色再生能源太阳能电池用单晶硅材料产业化工程一期项目	其他能源发电	太阳能发电	110MW	79.78	0.83 m³/MW·h	0.56 m³/MW·h	25.95
6	包头市山晟新能源有限责任公司年产200MW太阳能电池片及组件项目	其他能源发电	太阳能发电	200MW	106.4	0.61 m³/MW·h	0.56 m³/MW·h	8.72

续表

序号	项目名称	行业类别	主要产品	规模	用水量/（万 m³/a）	实际用水水平	内蒙古自治区行业用水定额	节约水量/（万 m³/a）
7	北方石油内蒙古新能源乌审旗液化天然气项目（一期 20 万 t/a）	原油加工业及石油制品制造	液化天然气	20万 t/a	33	1.43 m³/t	0.8 m³/t	14.54
8	包头钢铁（集团）有限责任公司"十二五"结构调整稀土钢总体发展规划项目	炼钢	钢材（转炉炼钢）	560万 t/a	1747.2	3.12 m³/t	3 m³/t	67.2
9	庆华集团焦化二期、三期 200 万 t/a 扩建工程	炼焦	干全焦	200万 t/a	342.7	1.53 m³/t	0.55 m³/t	219.51
10	乌拉特前旗兴盛达矿业有限责任公司 10 万 t/a 铁精粉生产线建设项目	铁矿采选	铁精粉	10万 t/a	60.05	5.96 m³/t	3.5 m³/t	24.79
11	内蒙古大唐国际呼和浩特利用高铝煤炭年产 50 万 t 氧化铝及深加工一体化项目	铝冶炼	氧化铝（烧结法）	50万 t/a	285	5.7 m³/t	5 m³/t	35.00
12	内蒙古大唐国际鄂尔多斯利用高铝煤炭年产 50 万 t 氧化铝及深加工一体化项目	铝冶炼	氧化铝	50万 t/a	473.5	9.47m³/t	5m³/t	223.50
		其他基础化学原料制造	活性硅酸钙	46.5万 t/a	528.37	11.36 m³/t	5 m³/t	295.81
13	蒙大新能源化工基地开发有限公司 120 万 t/a 二甲醚项目一期 60 万 t/a 甲醇工程	有机化工原料制造	甲醇	60万 t/a	666.14	9.89 m³/t	9 m³/t	59.95
14	鄂尔多斯市西北能源化工有限责任公司 20 万 t/a 煤制甲醇项目	有机化工原料制造	甲醇	20万 t/a	210.2	9.56 m³/t	9 m³/t	12.31
15	三维煤化科技有限公司 20 万 t/a 甲醇项目	有机化工原料制造	甲醇	20万 t/a	201.34	9.97 m³/t	9 m³/t	19.59
16	中天合创能源有限责任公司鄂尔多斯 300 万 t/a 二甲醚项目	有机化工原料制造	二甲醚	300万 t/a	3796	9.73 m³/t	1.5 m³/t	3210.80

续表

序号	项目名称	行业类别	主要产品	规模	用水量/(万 m³/a)	实际用水水平	内蒙古自治区行业用水定额	节约水量/(万 m³/a)
17	伊泰化工有限责任公司120万 t/a 精细化学品项目	有机化工原料制造	轻油	120万 t/a	1080.9	8.1 m³/t	1 m³/t	947.46
18	伊泰煤制油有限责任公司200万 t/a 煤炭间接液化示范项目	有机化工原料制造	轻油	200万 t/a	1356	5.5 m³/t	1 m³/t	1109.45
19	鄂尔多斯市金诚泰化工有限责任公司60万 t/a 天然气制甲醇气头变煤头技术改造工程	有机化工原料制造	精甲醇（原料为天然气）	60万 t/a	605.49	8.59 m³/t	6 m³/t	182.56
20	内蒙古齐华矿业有限公司40万 t/a 复合肥配套 8万 t/a 合成氨项目	氮肥制造	合成氨	8万 t/a	68.59	8.57 m³/t	8 m³/t	4.56
21	内蒙古鄂尔多斯联合化工有限公司60万 t/a 合成氨工程	氮肥制造	合成氨（原料为天然气）	60万 t/a	585.07	7.61 m³/t	7 m³/t	46.90
22	伊泰化工有限责任公司60万 t/a 合成氨、104万 t/a 尿素项目	氮肥制造	合成氨（原料为天然气）	60万 t/a	1205.3	17.08 m³/t	7 m³/t	604.8
		氮肥制造	尿素	104万 t/a		9.85 m³/t	8.6 m³/t	130
23	齐鲁制药（内蒙古）有限公司1200t/a 阿维菌素项目	化学农药制造	阿维菌素（杀虫剂）	1200t/a	143.92	1199.33 m³/t	80 m³/t	134.32

通过对同行业类别的项目进行对比分析，选取出该行业项目实际用水水平的最小值（包括内蒙古自治区行业用水定额）作为标准，该行业其他项目的实际用水水平均为此值，计算同一行业所有项目可节约的水量，计算结果见表 6-3～表 6-14。其中，火力发电行业可节约水量为 865.4 万 m³/a、其他能源发电行

业可节约水量为 34.67 万 m³/a、烟煤和无烟煤的开采洗选行业可节约水量为 229.21 万 m³/a、铁矿采选行业可节约水量为 324.06 万 m³/a、非金属矿物制品行业可节约水量为 105.61 万 m³/a、铝冶炼行业可节约水量为 258.5 万 m³/a、有机化工原料制造行业可节约水量为 7623.37 万 m³/a、其他基础化学原料制造行业可节约水量为 360.00 万 m³/a、初级形态的塑料及合成树脂制造行业可节约水量为 316.64 万 m³/a、氮肥制造行业可节约水量为 1289.62 万 m³/a、无机碱制造行业可节约水量为 288.05 万 m³/a、其他行业可节约水量为 435.57 万 m³/a。

表 6-3　　　　　　火力发电行业可节约水量计算表

序号	项　目　名　称	主要产品	用水量/（万 m³/a）	实际用水水平/（m³/s·GW）	同行业用水水平（定额）最小值/（m³/s·GW）	节约水量/（万 m³/a）
1	内蒙古华电土右电厂一期（2×600MW）工程	发电（空冷）	328.4	0.086	0.056	114.56
2	内蒙古魏家峁电厂一期 2×660MW空冷机组工程	发电（空冷）	333.3	0.113	0.056	168.12
3	大唐国际托克托发电有限责任公司托克托电厂五期（2×660MW空冷机组）项目	发电（空冷）	390.5	0.094	0.056	157.86
4	土默特右旗电厂一期 2×1000MW超临界燃煤空冷机组工程	发电（空冷）	348.51	0.056	0.056	0.00
5	内蒙古包头铝业有限公司自备电厂（包头东河热电厂）2×300MW空冷发电供热机组工程	发电（空冷）	182	0.027	0.027	0.00
6	内蒙古蒙泰不连沟煤业有限责任公司大路 2×300MW煤矸石热电厂项目	发电（空冷）	191.1	0.118	0.027	147.37
7	鄂尔多斯市君正能源化工有限公司蒙西低热值煤发电项目	发电（空冷）	138.3	0.082	0.027	92.76
8	内蒙古能源发电投资集团有限公司包头固阳金山工业园区热电厂 2×350MW机组工程	发电（空冷）	188.81	0.085	0.027	128.84
9	鄂尔多斯市纳林河化工项目区 1×12MW煤矸石综合利用热电站项目	发电（空冷）	37.01	0.88	0.4	20.19

续表

序号	项目名称	主要产品	用水量/（万 m³/a）	实际用水水平/（m³/s·GW）	同行业用水水平（定额）最小值/（m³/s·GW）	节约水量/（万 m³/a）
10	鄂尔多斯市蒙大公司煤矸石综合利用热电站（1×12MW 背压式机组）项目	发电（空冷）	40.38	1.14	0.4	26.21
11	鄂尔多斯市东荣赐路桥开发有限公司 2×12MW 热电联产项目	发电（空冷）	24.67	0.648	0.4	9.49
总计						865.4

表 6-4　　　　　　　　其他能源发电行业可节约水量计算表

序号	项目名称	主要产品	用水量/（万 m³/a）	实际用水水平/（m³/MW·h）	同行业用水水平（定额）最小值/（m³/MW·h）	节约水量/（万 m³/a）
1	中环光伏材料有限公司绿色再生能源太阳能电池用单晶硅材料产业化工程一期项目	太阳能发电	79.78	0.83	0.56	25.95
2	包头市山晟新能源有限责任公司年产 200MW 太阳能电池片及组件项目	太阳能发电	106.4	0.61	0.56	8.72
总计						34.67

表 6-5　　　　烟煤和无烟煤的开采洗选行业可节约水量计算表

序号	项目名称	主要产品	用水量/（万 m³/a）	实际用水水平/（m³/t）	同行业用水水平（定额）最小值/（m³/t）	节约水量/（万 m³/a）
1	内蒙古伊泰广联煤化有限责任公司红庆河矿井及选煤厂工程	原煤	136	0.08	0.031	83.30
		洗选煤	102	0.06	0.054	10.20
2	神华集团准格尔能源有限责任公司黑岱沟露天煤矿及选煤厂 800 万 t/a 改扩建工程	原煤	58.06	0.065	0.031	30.37
		洗选煤	62.52	0.070	0.054	14.29
3	神华集团准格尔能源有限责任公司哈尔乌素露天煤矿及选煤厂 2000 万 t/a 工程	原煤	159.9	0.072	0.031	91.05
		洗选煤	119.92	0.054	0.054	0
4	鄂尔多斯市荣通煤炭经销有限公司吉格斯太煤炭物流园区 200 万 t/a 选煤厂项目	原煤	13.07	0.031	0.031	0
总计						229.21

表 6 - 6 铁矿采选行业可节约水量计算表

序号	项 目 名 称	主要产品	用水量/（万 m³/a）	实际用水水平/（m³/t）	同行业用水水平（定额）最小值/（m³/t）	节约水量/（万 m³/a）
1	乌拉特前旗兴盛达矿业有限责任公司 10 万 t/a 铁精粉生产线建设项目	铁精粉	60.05	5.96	1.23	47.66
2	乌拉特前旗龙鹏矿业有限责任公司 20 万 t/a 铁精矿项目	铁精粉	37.75	1.89	1.23	13.18
3	乌拉特前旗聚德成金圣达矿业有限公司 30 万 t/a 铁精粉选矿工程	铁精粉	58.83	1.96	1.23	21.91
4	乌拉山矿业有限公司乌拉特前旗色气口铁矿年采选 30 万 t 铁矿石项目	铁精粉	80.85	2.05	1.23	32.34
5	乌拉特前旗物华矿业有限责任公司 30 万 t/a 铁精粉项目	铁精粉	80	2.67	1.23	43.15
6	乌拉特前旗聚德成龙宝矿业有限公司 30 万 t/a 铁精粉选矿工程	铁精粉	95.54	3.16	1.23	58.35
7	乌拉特前旗海流斯太矿业有限责任公司 100 万 t/a 铁精粉节能技改扩建资源综合利用项目	铁精粉	232.18	2.29	1.23	107.47
8	乌拉特前旗芙蓉矿业有限公司铁矿石 1005 万 t/a 选矿项目	铁精粉	173.42	1.23	1.23	0
总计						324.06

表 6 - 7 非金属矿物制品行业可节约水量计算表

序号	项 目 名 称	主要产品	用水量/（万 m³/a）	实际用水水平/（m³/t）	同行业用水水平（定额）最小值/（m³/t）	节约水量/（万 m³/a）
1	包头市山晟新能源有限责任公司年产 400MW 太阳能级光伏单晶硅片生产项目	单晶硅	296.14	226	226	0.00
2	内蒙古山路煤炭集团有限责任公司太阳能多晶硅生产项目	单晶硅	325.58	334.5	226	105.61
3	国电内蒙古晶阳能源有限公司 3000t/a 多晶硅项目	多晶硅	402.72	1343	1343	0
总计						105.61

表 6 - 8　　　　　　　　　铝冶炼行业可节约水量计算表

序号	项 目 名 称	主要产品	用水量/ (万 m³/a)	实际用水水平/ (m³/t)	同行业用水水平（定额）最小值/ (m³/t)	节约水量/ (万 m³/a)
1	内蒙古大唐国际呼和浩特利用高铝煤炭年产 50 万 t 氧化铝及深加工一体化项目	氧化铝	285	5.7	5	35.00
2	内蒙古大唐国际鄂尔多斯利用高铝煤炭年产 50 万 t 氧化铝及深加工一体化项目	氧化铝	473.5	9.47	5	223.50
总计						258.5

表 6 - 9　　　　　　　有机化工原料制造行业可节约水量计算表

序号	项 目 名 称	主要产品	用水量/ (万 m³/a)	实际用水水平/ (m³/t)	同行业用水水平（定额）最小值/ (m³/t)	节约水量/ (万 m³/a)
1	泛海能源投资包头有限公司 180 万 t/a 煤制甲醇项目	甲醇	1540.4	8.56	4.4	748.61
2	神华乌海煤焦化有限公司 50 万 t/a 以焦炉气为原料低压合成甲醇装置	甲醇	423.94	7.32	4.4	169.11
3	蒙大新能源化工基地开发有限公司 120 万 t/a 二甲醚项目一期 60 万 t/a 甲醇工程	甲醇	666.14	9.89	4.4	369.78
4	国泰化工有限公司 40 万 t/a 煤制甲醇项目	甲醇	399.3	9	4.4	204.09
5	东华能源有限责任公司 120 万 t/a 甲醇（一期 60 万 t/a）项目	甲醇	450	7.1	4.4	171.13
6	鄂尔多斯市西北能源化工有限责任公司 20 万 t/a 煤制甲醇项目	甲醇	210.2	9.56	4.4	113.46
7	荣信化工有限公司 180 万 t/a 煤制甲醇及转化烯烃一期 60 万 t/a 甲醇项目	甲醇	575.5	8.7	4.4	284.44
8	三维煤化科技有限公司 20 万 t/a 甲醇项目	甲醇	201.34	9.97	4.4	112.48
9	中天合创鄂尔多斯煤炭深加工示范项目一期 360 万 t/a 甲醇项目	甲醇	1798.9	4.4	4.4	0.00
10	中天合创能源有限责任公司鄂尔多斯 300 万 t/a 二甲醚项目	二甲醚	3796	9.73	1.5	3210.80

节水技术与交易潜力

续表

序号	项 目 名 称	主要产品	用水量/(万 m³/a)	实际用水水平/(m³/t)	同行业用水水平（定额）最小值/(m³/t)	节约水量/(万 m³/a)
11	伊泰化工有限责任公司120万 t/a 精细化学品项目	轻油（石脑油等17种）	1080.9	8.1	1	947.46
12	伊泰煤制油有限责任公司200万 t/a 煤炭间接液化示范项目	轻油（柴油、石脑油、LPG、LNG）	1356	5.5	1	1109.45
13	鄂尔多斯市金诚泰化工有限责任公司60万 t/a 天然气制甲醇气头变煤头技术改造工程	精甲醇（原料为天然气）	605.49	8.59	6	182.56
总计						7623.37

表 6-10　其他基础化学原料制造行业可节约水量计算表

序号	项 目 名 称	主要产品	用水量/(万 m³/a)	实际用水水平/(m³/t)	同行业用水水平（定额）最小值/(m³/t)	节约水量/(万 m³/a)
1	内蒙古太西煤集团股份有限公司古拉本矿区20万 t/a 煤基活性炭项目	煤基活性炭	181.7	8.18	5.29	64.19
2	内蒙古太西煤集团股份有限公司100万 t/a 煤基活性炭（一期25万 t/a）项目	煤基活性炭	134.64	5.29	5.29	0.00
3	内蒙古大唐国际鄂尔多斯利用高铝煤炭年产50万 t 氧化铝及深加工一体化项目	活性硅酸钙	528.37	11.36	5	295.81
总计						360.00

表 6-11　初级形态的塑料及合成树脂制造行业可节约水量计算表

序号	项 目 名 称	主要产品	用水量/(万 m³/a)	实际用水水平/(m³/t)	同行业用水水平（定额）最小值/(m³/t)	节约水量/(万 m³/a)
1	久泰能源（准格尔）有限公司甲醇深加工项目	聚乙烯	120.98	4.37	2.5	51.77
		聚丙烯	192.67	6.96	2.61	120.42

续表

序号	项目名称	主要产品	用水量/ (万 m³/a)	实际用水 水平/ (m³/t)	同行业用水 水平（定额） 最小值/ (m³/t)	节约水量/ (万 m³/a)
2	中天合创鄂尔多斯煤炭深加工示范项目二期工程	聚乙烯	194.72	2.5	2.5	0.00
		聚丙烯	203.28	2.61	2.61	0.00
3	鄂尔多斯市东海新能源有限公司36万 t/a 烧碱、40万 t/a PVC 项目	聚氯乙烯	250.31	6.24	5.04	48.14
4	博源煤化工有限责任公司100万 t/a 聚氯乙烯、100万 t/a 纯碱项目	聚氯乙烯	575.42	5.04	5.04	0
5	鄂尔多斯市君正能源化工有限公司60万 t/a 烧碱、60万 t/a 聚氯乙烯项目一期30万 t/a 烧碱、30万 t/a 聚氯乙烯项目	聚氯乙烯	260.3	8	5.04	96.31
总计						316.64

表 6-12　　　　　　　　氮肥制造行业可节约水量计算表

序号	项目名称	主要产品	用水量/ (万 m³/a)	实际用水 水平/ (m³/t)	同行业用水 水平（定额） 最小值/ (m³/t)	节约水量/ (万 m³/a)
1	内蒙古鄂尔多斯联合化工有限公司60万 t/a 合成氨工程	合成氨 （原料为 天然气）	585.07	7.61	7	46.9
2	内蒙古鄂尔多斯联合化工有限公司104万 t/a 尿素工程	尿素	325.55	2.49	2.49	0
3	伊泰化工有限责任公司60万 t/a 合成氨、104万 t/a 尿素项目	合成氨 （原料为 天然气）	764.45	17.08	7	451.15
		尿素	440.85	9.85	2.49	329.41
4	内蒙古齐华矿业有限公司40万 t/a 复合肥配套8万 t/a 合成氨项目	合成氨	68.59	8.57	6.64	15.45
5	博大实地化学有限公司100万 t/a 合成氨、100万 t/a 尿素、120万 t/a 纯碱项目	合成氨	789.78	6.64	6.64	0
		尿素	789.78	6.64	2.49	493.61
总计						1289.62

表 6 – 13 无机碱制造行业可节约水量计算表

序号	项 目 名 称	主要产品	用水量/（万 m³/a）	实际用水水平/（m³/t）	同行业用水水平（定额）最小值/（m³/t）	节约水量/（万 m³/a）
1	博大实地化学有限公司 100 万 t/a 合成氨、100 万 t/a 尿素、120 万 t/a 纯碱项目	纯碱	591.14	4.97	3.56	167.71
2	鄂尔多斯市东海新能源有限公司 36 万 t/a 烧碱、40 万 t/a PVC 项目	烧碱	328.93	8.2	5.2	120.34
3	博源煤化工有限责任公司 100 万 t/a 聚氯乙烯、100 万 t/a 纯碱项目	纯碱	406.45	3.56	3.56	0
4	鄂尔多斯市君正能源化工有限公司年产 60 万 t/a 烧碱、60 万 t/a 聚氯乙烯项目一期 30 万 t/a 烧碱、30 万 t/a 聚氯乙烯项目	烧碱	169.2	5.2	5.2	0
总计						288.05

表 6 – 14 其他行业可节约水量计算表

序号	项 目 名 称	行业	主要产品	用水量/（万 m³/a）	实际用水水平/（m³/t）	同行业用水水平（定额）最小值/（m³/t）	节约水量/（万 m³/a）
1	北方石油内蒙古新能源乌审旗液化天然气项目（一期 20 万 t/a）	原油加工业及石油制品制造	液化天然气	33	1.43	0.8	14.54
2	包头钢铁（集团）有限责任公司"十二五"结构调整稀土钢总体发展规划项目	炼钢	钢材（转炉炼钢）	1747.2	3.12	3	67.2
3	庆华集团焦化二期、三期 200 万 t/a 扩建工程	炼焦	干全焦	342.7	1.53	0.55	219.51
4	齐鲁制药（内蒙古）有限公司 1200t/a 阿维菌素项目	化学农药制造	阿维菌素（杀虫剂）	143.92	1199.33	80	134.32
总计							435.57

四、小结

根据本章节分析，黄河水主要用于火力发电、煤化工、石油化工、钢铁、冶金、有机化工原料制造、氮肥制造等行业。上述行业用水水平与内蒙古自治区行业用水定额相比较，其中部分火电、石油化工、有机化工原料制造、氮肥制造等行业用水量相对偏高，这些行业用水效率有待提高，需达到内蒙古自治区行业用水水平。若以内蒙古自治区行业用水定额为标准，火力发电行业可节约水量为 103.14 万 m^3/a，其他能源发电行业可节约水量为 34.67 万 m^3/a，石油化工行业可节约水量为 14.54 万 m^3/a，冶金行业可节约水量为 325.7 万 m^3/a，有机化工原料制造行业可节约水量为 5542.12 万 m^3/a，氮肥制造行业可节约水量为 786.26 万 m^3/a。

内蒙古黄河流域 2010—2015 年已批复使用黄河水的工业和企业中均存在同行业项目用水水平的最小值。通过调整工业布局、优化产业结构、采取节水措施、改善节水工艺、打造节水体系，努力提高各行业用水效率和用水水平，争取使各行业用水水平均达到该行业用水水平最小值。若以各行业用水水平最小值（包括内蒙古自治区行业用水定额）作为标准，火力发电行业可节约水量为 865.4 万 m^3/a，其他能源发电行业可节约水量为 34.67 万 m^3/a，烟煤和无烟煤的开采洗选行业可节约水量为 229.21 万 m^3/a，铁矿采选行业可节约水量为 324.06 万 m^3/a，非金属矿物制品行业可节约水量为 105.61 万 m^3/a，铝冶炼行业可节约水量为 258.5 万 m^3/a，有机化工原料制造行业可节约水量为 7623.37 万 m^3/a，其他基础化学原料制造行业可节约水量为 360.00 万 m^3/a，初级形态的塑料及合成树脂制造行业可节约水量为 316.64 万 m^3/a，氮肥制造行业可节约水量为 1289.62 万 m^3/a，无机碱制造行业可节约水量为 288.05 万 m^3/a，其他行业可节约水量为 435.57 万 m^3/a。

第七章 节水技术创新

一、农业节水技术创新

(一)工程技术创新

1. 渠道衬砌技术

通过在引黄各灌区实施的灌区骨干渠道防渗衬砌节水改造工程,在渠道防渗方面已积累了丰富的经验,针对北方寒旱区冻胀问题,开展了复合土工膨润土在不同电解质溶液中的膨胀特性、流变性、黏度、滤失量等方面研究,进行了冻融循环及离子双因素耦合作用对膨润土防渗性能影响实验,进行了高温、低温、高低温循环、紫外线照射、水泥砂浆浸泡、工程现场老化实验,分析了复合土工膨润土的力学性能变化;开展了模袋混凝土衬砌渠道渠床糙率系数标定试验、渠道现役模袋混凝土抗冻性指标测试评估、渠道模袋混凝土实验室配合比试验研究等工作,积累了渠道模袋混凝土坍落度等性能与使用年限、渠道糙率等重要施工技术参数,总结出了一些适合引黄灌区的防渗衬砌结构型式及抗冻胀措施。通过十多年的运行观测,发现对总干渠、干渠和分干渠全断面采用聚乙烯膜防渗,渠坡采用模袋混凝土护面、渠底采用素土保护层的梯形断面防渗工程结构型式,对流量较小的分干渠下游段及支渠采用弧形坡脚或弧形坡底梯形断面结构,防渗效果好,冻土融通后渠坡没有明显的残余变形量,对变形的适应能力强,整体性好,抗冻性能好,适合于引黄灌区低温高寒的特定条件。

在渠道节制闸出口处采用钢筋混凝土护面结构及钢筋混凝土预制构件(连锁板块),能使渠道护坡护底工程随着冻胀自由上下移动,不破坏自身结构,整体稳定性好且更美观,能有效解决冻胀、变形、破损等问题,延长渠道衬砌工程使用年限。

2. 农田激光控制土地精平与畦田改造技术

在利用常规机械平地设备完成粗平的基础上,采用较为先进的激光控制平地技术进行精平,土地平整后使田间地面高程的标准偏差值 S_d 平均达到 $1.5\sim3cm$;同时结合畦田改造,合理设置灌溉田块面积(以 $0.03hm^2$ 为宜),变宽畦为窄畦、长畦为短畦田(一般以 $4m$ 宽、$40\sim75m$ 长为宜),增设田口闸,通过采取此技术,灌区田间灌溉水利用率可提高 20% 左右,作物水分利用效率可提高 28％左右，产量可增加 20％左右，效益增加了 30％左右，并大幅度地改善了秋浇灌水质量。最终可实现主要粮食作物单位农业产出成本降低10％以上。

（二）灌溉技术创新

1. 多水源（黄河水、淖尔水、地下水）联合应用滴灌技术

针对内蒙古引黄地区工农业用水矛盾日益突出、灌溉水利用率低的情况，分别以河套灌区、鄂尔多斯黄河南岸灌区及孪井滩扬水灌区为研究对象，开展了多水源（黄河水、淖尔水、地下水）联合应用滴灌技术的研究与推广示范。在河套灌区上、中、下游的磴口县、临河区、五原县以及乌拉特前旗建设示范区和监测区 9 处，磴口县王爷地和三海子示范区，五原县塔尔湖监测区，均采用淖尔水滴灌；磴口县沙金套海示范区和临河区九庄示范区，采用直接引黄滴灌；临河区隆胜监测区和乌拉特前旗长胜示范区，采用井渠结合滴灌和微咸水滴灌，累计完成示范面积 13.76 万亩。示范作物为玉米、向日葵、小麦、番茄、青椒、瓜果类等。在鄂尔多斯黄河南岸灌区吕汉白、巴拉亥、建设等 8 个灌域共完成引黄滴灌面积 20.1 万亩，在独贵杭锦、恩格贝、吉格斯太等 5 个灌域共完成地下水大棚滴灌面积 1.75 万亩，种植作物主要为玉米、向日葵、西瓜、甜瓜、葡萄、花卉、葫芦、籽瓜及牧草等。在孪井滩扬水灌区完成引黄滴灌面积 2.75 万亩，主要种植作物为玉米。

（1）直接引黄滴灌。河套灌区建立示范区 2 处，面积 0.35 万亩。示范种植作物为向日葵、玉米、番茄、青椒、籽瓜及蜜瓜。示范区膜下滴灌工程实施后，平均节水 200m³/亩，节水率为 50％；新增总产量为 40.07 万 kg，新增总收入为 393.60 万元，亩新增收入为 459.20 元/亩；玉米和向日葵的灌溉水分生产率分别为 3.5kg/m³ 和 1.20kg/m³ 左右，比传统灌溉方式分别提高 70％和 65％左右；经济作物青椒和蜜瓜的灌溉水分生产率分别为 7.50kg/m³ 和 6.0kg/m³。鄂尔多斯黄河南岸灌区滴灌工程采取以沉砂池为单位，成立了灌溉用水小组，配备了专职灌溉管理人员，建立和健全了规章制度，明确了操作规程，并以滴灌系统为单元，统一种植、统一施肥、统一灌溉。滴灌工程的实施，实现了"农业节水，工业用水，富一方百姓，强一域经济"的多赢目标，产生了巨大的经济、社会效益。

以杭锦旗巴拉贡镇朝凯村二社滴灌项目为例，该社灌溉面积为 968 亩，种植作物为玉米。项目建成后，村民成立灌溉用水小组，配备 4 名专职人员统一负责灌溉管理，较原来节省劳动力 41 人。年节约用水量约 28.8 万 m³，减少水费支出 29987 元；通过统一灌溉施肥，每亩节省化肥费用 90 元，减少化肥支出 87120 元；政府节水补贴为 25 元/亩，扣除增加的电费 1.98 元/亩，每亩

实际补贴为 23.02 元，可增收 22283 元；滴灌实施后，每亩增加产量 160kg，每千克 1.4 元，可增收 216832 元。以上几项合计增收 356235 元，每亩增收 368 元。该社共有 219 人 45 户，人均增收 1627 元，户均增收 7916 元。

（2）井渠结合滴灌。河套灌区建立示范区 3 处，共计 12.46 万亩。示范种植作物为向日葵、玉米。全部实施井渠结合滴灌后，可节省引黄灌溉水量为 200m³/亩，节水率为 50%；可节肥 2730kg/a；与井灌区相比，滴灌玉米、向日葵单位面积增产量分别平均为 475kg/亩、613kg/亩，增产率分别为 25.24%、51.51%。新增总收入为 317.5 万元。

（3）淖尔水滴灌。河套灌区建立示范区 3 处，共计 0.105 万亩。示范种植作物为向日葵、玉米、西瓜、西兰花、紫花苜蓿。全部实施淖尔水滴灌后，可节省引黄灌溉水量为 360m³/亩，节肥 20%；淖尔水滴灌较引黄渠灌向日葵、玉米、西瓜、小麦和紫花苜蓿产量分别提高了 17%、13%、19%、10% 和 14%。淖尔水滴灌与引黄渠灌相比，灌溉水分生产率平均提高 52.09%。向日葵亩新增收入 500.53~650.72 元/亩，玉米亩新增收入 790.72 元/亩，西瓜亩新增收入 738.4~795.72 元/亩，小麦复种西兰花后（一年两茬粮经作物种植模式）亩新增收入 1223.53 元/亩。

2. 秋浇覆膜灌溉技术

通过对河套灌区秋浇覆膜灌溉技术的研究与推广，可发现该成果操作简单、见效快、节水、节支、增温、增产、保墒、抑盐同步完成、农民易接受，在灌河套区和类似地区具有广阔的应用前景。具体创新成果如下：

（1）秋浇覆膜较无膜节水 28.7%~42.8%，其中套种地膜覆盖率为 35%，节水 28.7%。单种地膜覆盖率为 63.6%，节水 42.8%。秋浇地膜覆盖率与灌水定额呈反比关系。

（2）翌年播种期土壤 5cm 深地温覆膜比无膜高 2.01~3.76℃。

（3）翌年春播期土壤含水量覆膜较无膜 0~10cm 土层增加 30.1%，10~20cm 土层增加 18.1%，20~40cm 土层增加 13.7%，40~70cm 土层增加 6.5%，70~100cm 土层增加 0.65%。

（4）秋浇覆膜较无膜玉米增产 30.7~34.8%，其中套种增产 30.7%，单种增产 34.8%。

3. 作物立体种植畦沟结合灌溉要素优化组合技术

作物立体种植畦沟结合灌溉要素优化组合中，小麦/玉米套种畦沟结合灌溉共灌溉 5 次，采用畦沟分灌的灌溉方式，灌水定额为：第 1 次小麦 375m³/hm²，第 2 次小麦 450m³/hm²，第 3 次小麦 525m³/hm²、玉米 450m³/hm²，第 4 次小麦 300m³/hm²、玉米 525m³/hm²，第 5 次玉米 375m³/hm²。灌溉定额为 3000m³/hm²。小麦产量为 2188.37kg/hm²，与常规灌溉产量相当，而玉米产量为 7085.64kg/hm²，较常规灌溉提高了 15％左右，灌溉水利用率提高了 29％左右，作物水分利用效率提高了 0.38kg/m³。可实现主要粮食作物单位农业产出成本降低 10％以上。

4. 立体种植高效节水技术

通过采用立体种植技术可发现，小麦间作（套种）玉米（葵花）的小麦最优处理为灌溉 4 次，灌水定额为：第 1 次（分蘖水）825m³/hm²，第 2 次（拔节水）975m³/hm²，第 3 次（灌浆水）1125m³/hm²，第 4 次（麦黄水）1125m³/hm²。灌溉定额为 4050m³/hm²。单产为 6693kg/hm²。与传统间作小麦处理相比，产量提高 20％左右，节约灌溉用水 850m³/hm²，灌溉水利用率提高约 17％。小麦间作玉米的玉米最优处理为灌溉 5 次，灌水定额为：第 1 次 825m³/hm²，第 2 次 975m³/hm²，第 3 次 1125m³/hm²，第 4 次 1125m³/hm²，第 5 次 562.5m³/hm²。灌溉定额为 4612.5m³/hm²。单产为 14883kg/hm²。与传统间作玉米处理相比，产量提高 12％左右，节约灌溉用水 1150m³/hm²，灌溉水利用率提高 16％。套种葵花最优处理为灌溉 3 次，灌水定额为：第 1 次 975m³/hm²，第 2 次 825m³/hm²，第 3 次 487.5m³/hm²。灌溉定额为 2287.5m³/hm²。产量为 6074kg/hm²。与常规套种葵花处理相比，产量提高 15％左右，节约灌溉用水 505m³/hm²，灌溉水利用率提高 15.8％。

5. 盐渍化灌区水肥耦合高效利用技术

针对盐渍化灌区在引黄水量逐年减少的情况下，大量施氮肥导致土壤大量积盐，水氮利用效率低下，通过在水肥制度严重不合理的河套平原灌区开展的"干旱盐渍化灌区作物水肥耦合技术集成与示范"研究，结合产量和环境因素优化得出不同盐分土壤灌水量和施肥量。轻度盐分土壤的优化水氮用量为：灌水量 2250m³/hm²、施氮量 225kg/hm²。中度盐分土壤的优化水氮用量为：灌水量 2329.88m³/hm²、施氮量 207kg/hm²。与传统模式相比，节水 23.1％，节肥 30.7％，产量提高 22.9％，投入降低 14.8％，效益提高 32.9％，水分利用效率提高 0.77kg/m³。

通过理论研究，并结合当地的实际情况，形成了一套以减少灌水量、减控施氮量为前提，以提高水氮利用效率为中心兼顾防治次生盐渍化的盐渍化土壤水肥高效技术模式。该模式的主要技术要点如下：

（1）灌水技术。

1）上一年度 10—11 月秋浇，秋浇定额为 135～180mm（90～120m³/亩）。

2）当土壤含水量在 60％以上时，可不浇水，有利于蹲苗。

3）6 月中旬大苗期灌水 1 次，灌水量为 50～60m³/亩。

4）7 月上旬大喇叭口期灌水 1 次，灌水量为 50～60m³/亩。

5）7 月下旬至 8 月上旬抽雄期后期灌浆前期灌水 1 次，灌水量为 50～

$60m^3$/亩。

(2) 施肥技术。

1) 亩基施有机肥 1000～2000kg、二铵 20～25kg。

2) 追肥 (6 月 25 日左右)：结合灌溉追施拔节肥，每亩追施尿素 10～15kg。

3) 大喇叭口期 (7 月上旬)：亩追施尿素 15～20kg、氯化钾 5kg。

(3) 结合技术：应用激光平地技术，每年播种前和收获后分别平地一次。

选用抗盐节水型品种，包括郑单 958 号、四单 19 号、益丰 29 号、哲单 7 号、潞玉 13 号、内单 314 号、科河 10 号。

6. 干旱区作物田间水分高效利用综合技术

内蒙古引黄灌区土壤保水性比较差，一般灌水时间间隔较长，在作物关键需水期土壤储水与保水能力较低，从而影响作物供水，土壤水分无效蒸发导致盐分表聚。针对上述问题，通过开展"干旱区作物田间水分高效利用综合技术"的研究，形成的主要技术创新有以下三个方面：

(1) 覆膜与秸秆覆盖新技术。研究行间覆膜 (宽行覆膜)、窄行秸秆覆盖 (不同秸秆长度，3cm、5cm、7cm、10cm) 以及不覆膜 (对照)，结果得出行间覆膜增产 18%，行上覆膜增产 15%，秸秆覆盖增产 16%，行间覆膜宽度为 60cm，秸秆覆盖宽度为 40cm。秸秆长度应为 7cm 左右，秸秆覆盖时间为玉米全部出苗。行间覆膜＋秸秆覆盖可以有效降低在玉米出苗到玉米拔节这段时间的土壤水分蒸发，有效提高土壤含水率，使灌溉水和雨水充分集中在玉米的根系层内。由于秸秆覆盖会降低土壤温度，会影响玉米的出苗，所以必须在玉米出苗后覆盖。

(2) 小麦复种向日葵技术。小麦收获后复种向日葵，前茬小麦产量为 250kg/亩，后茬向日葵产量为 175kg/亩。小麦收获前 20～25d 采用大棚基质育苗，移栽时三对叶，株高 18cm 左右，茎粗 0.45cm 左右，选择向日葵生育期较短品种。移栽时，苗过高容易折断，苗太小不易成熟。小麦收获后复种向日葵，每亩增收 700 元，后茬向日葵节水 20%，节肥 25%，提高了土地和水肥的利用率。

(3) 盐碱化土壤条件下化学节水技术。

1) PAM 保水剂技术。地下施用 PAM 保水剂，PAM 对小麦的增产效果较好，平均增产 23%；保水剂对玉米和向日葵的增产效果较好，平均增产 25% 和 28%。PAM 宜采用撒施，施用量为 1.5kg/亩，保水剂采用浅沟施，施用量为 3kg/亩。对于降低盐分积累，PAM 与 SAP 作用都很明显，但 PAM 更明显，盐分降低率为 30%。

地上喷施以 (微肥) 硝酸钙、硫酸锌、硫酸铜、硼砂、硫酸亚铁各

0.1%，配制成总浓度为 0.5%的混合液，每次喷施 50kg/亩，每种微肥 50g/亩，在小麦孕穗期、扬花期、灌浆期喷施，可提高春小麦千粒重及产量，产量增幅为 15%。

2）生物炭节水保肥减排技术。适量的生物炭施用量在不同的灌溉定额下均可以提高土壤含水率，其中，15t/hm² 和 30t/hm² 可较大限度地提高土壤含水率。施用生物炭可提高耕层土壤有机质和有效磷含量，在各灌水下限条件下，生物炭均可提高耕层土壤解碱氮、速效钾、有机质和有效磷的含量。其中，30t/hm²、45t/hm² 的生物炭施用量是比较合适的选择。添加生物炭后均显著降低了 CH_4 和 N_2O 的综合增温效应，30t/hm² 的生物炭施用量是比较合适的选择。

3）SAP 施用技术。SAP 的施用及监测结果表明，不同施用方式均可提高土壤水分含量，特别是在玉米抽雄吐丝期、灌浆期具有显著作用。幼苗期、三叶期不同施用方式的土壤温度上升缓慢，抑制了玉米幼苗的生长。拔节期到收获期不同施用方式促进了玉米生长，延长了玉米生长期，提高了玉米产量及生物量，提高了水分利用效率、水分产出率和灌溉水产出率。对于向日葵，沟施、混施和撒施均提高了 0～80cm 土层的土壤水分含量，特别是在向日葵开花期提高了 10.71%、8.24%和 6.63%。不同施用方式均促进了向日葵根系向深层土壤分布，促进了茎秆增高和增粗，提高了根、茎、叶、花盘生物量，沟施、混施、撒施籽粒产量分别较对照提高了 26.80%、24.52%和 10.86%，水分利用效率提高了 49.29%、46.94%和 25.06%，水分产出率提高了 33.02%、29.79%和 13.11%。

4）干种湿出技术。为了探索河套灌区适宜的干播湿出技术，通过田间试验，研究了适宜干播湿出的各项技术指标。作物传统的灌溉方式是在秋收后秋浇（秋浇水量为 100～120m³/亩），开春后进行春汇（春汇水量为 60m³/亩），两次的灌溉水量为 160～180m³/亩，而干播湿出只是在秋收后进行深翻旋耕，来年开春滴灌出苗水 15m³/亩，相对应传统灌溉和春汇＋滴灌分别节约水量 145～165m³/亩、45m³/亩。春汇＋滴灌玉米平均产量为 1035kg，干播湿出＋滴灌玉米产量为 1018kg，干播湿出技术对作物产量影响较小。

通过 3 年的技术研究，总结得出干播湿出技术主要控制指标为翻耕时土壤含水率、地温、滴水量、机械马力。结合大田试验，在临河九庄、磴口包日浩特示范区研究得出翻耕时黏壤土、壤砂土土壤含水量应控制在 12%～15%，翻耕深度控制在 30cm，翻耕后晾晒一天，旋耕一遍，机械动能大于 90 马力。作物播种后当土壤积温达到 10℃时滴灌出苗水，滴水量控制在 20m³/亩。

7. 膜下滴灌水肥一体化技术

通过开展"干旱区作物膜下滴灌水肥一体化技术"的研究，可发现与传统渠灌相比，膜下滴灌水肥一体化可增加产量，改善品质，提高经济效益。滴灌的工程投资（包括管路、施肥池、动力设备等）约为1000元/亩，可以使用5年左右，与传统灌溉相比，每年节省的肥料和农药费用至少为700元，增产幅度可达30%以上。比常规施肥节省肥料50%～70%，水量也只有畦灌的30%～40%。实施水肥一体化，有效地解决了规模化种植作物集中用电用水的矛盾，节水节肥效果十分明显，达到了节本增效目的，详见表7-1～表7-3。

表7-1 玉米膜下滴灌节水增产效益比较表

试验处理	节水效益		增产效益		综合效益	
	灌溉定额/(m³/亩)	减少/%	平均产量/(kg/亩)	增产/%	水分生产率/(kg/m³)	提高/%
滴灌	220	31	960	23	3.9	73
渠灌	320		800		2.3	

表7-2 向日葵膜下滴灌节水增产效益比较表

试验处理	节水效益		增产效益		综合效益	
	灌溉定额/(m³/亩)	减少/%	平均产量/(kg/亩)	增产/%	水分生产率/(kg/m³)	提高/%
滴灌	180	28	245	11.4	2.04	102.9
渠灌	230		220		1.01	

表7-3 番茄膜下滴灌节水增产效益比较表

试验处理	节水效益		增产效益		综合效益	
	灌溉定额/(m³/亩)	减少/%	平均产量/(kg/亩)	增产/%	水分生产率/(kg/m³)	提高/%
滴灌	150	65	7230	54	46	156
渠灌	260		4700		18	

8. 加工番茄覆膜沟灌技术

针对河套灌区种植范围较广的屯河3号番茄品种，采用开沟起垄覆膜方式，起垄覆膜一体化，垄背种植，一膜两行，种植密度一致，垄沟断面为梯形，垄面宽60cm，沟上口宽40cm，灌水沟间距为100cm，沟深设置为20cm，通过田间试验和示范可得出，屯河3号番茄采用开沟起垄覆膜沟灌方式较无覆膜沟灌方式作物需水量每亩可减少78m³，平均亩产量可增加1500kg左右，水分生产率提高了8.12kg/m³，同时通过试验，得出了不同水文年适宜河套灌区加工番茄的灌溉制度，详见表7-4。

表 7-4　　　　　　　加工番茄覆膜沟灌推荐的不同水文年灌溉制度表

处理	丰水年（频率 $P=25\%$）				平水年（频率 $P=50\%$）				枯水年（频率 $P=85\%$）			
	灌水次数	灌水时间	灌水定额 /（m³/亩）	灌溉定额 /（m³/亩）	灌水次数	灌水时间	灌水定额 /（m³/亩）	灌溉定额 /（m³/亩）	灌水次数	灌水时间	灌水定额 /（m³/亩）	灌溉定额 /（m³/亩）
覆膜	1	移栽 5月中旬	50	75～95	1	移栽 5月中旬	50	125～145	1	移栽 5月中旬	50	160～180
	2	苗期 6月上中旬	25		2	苗期 6月上中旬	25		2	苗期 6月上中旬	35	
	3	开花坐果期 7月上中旬	0～20		3	开花坐果期 7月上中旬	30～35		3	开花坐果期 7月上中旬	45	
					4	结果盛期 8月上旬	20～30		4	结果盛期 8月上旬	30	
									5	结果后期 8月中旬	0～20	

9. 玉米覆膜喷灌技术

针对引黄灌区种植范围较广的玉米，通过在黄河南岸灌区进行的玉米覆膜喷灌研究，发现在农业技术措施相同、固定喷灌灌水定额的条件下，覆膜喷灌方式下玉米平均需水量为336.71m³/亩，而不覆膜条件下玉米平均需水量为350.31m³/亩，比覆膜条件下需水量增加13.6m³/亩，耗水强度增加0.15mm/d，产量提高25.93kg/亩，水分生产率提高2.56%，说明覆膜可以有效减少土壤水分蒸发，从而降低作物水分消耗，并且提高了作物产量和水分生产率，起到节水增产的效果。同时通过试验，得出了不同水文年适宜玉米的灌溉制度，详见表7-5。

表 7-5　　　　　　玉米覆膜喷灌推荐的不同水文年灌溉制度表

处理	水文年型	灌水次数	灌 水 时 间	灌水定额 /（m³/亩）	灌溉定额 /（m³/亩）
覆膜	丰水年 （$P=25\%$）	1	播种期（4月下旬至5月上旬）	20	150～170
		2	拔节初期（6月中旬）	20	
		3	拔节期（7月上旬）	20	
		4	拔节后期（7月中旬）	20～30	
		5	抽雄期（8月上旬）	20～30	
		6	灌浆期（8月中旬）	30	
		7	乳熟期（9月上旬）	20	

续表

处理	水文年型	灌水次数	灌 水 时 间	灌水定额 /(m³/亩)	灌溉定额 /(m³/亩)
覆膜	平水年 (P＝50%)	1	播种期（4月下旬至5月上旬）	20	170～220
		2	拔节初期（6月中旬）	20～30	
		3	拔节期（6月下旬）	20～30	
		4	拔节期（7月上旬）	20～30	
		5	拔节后期（7月中旬）	20～30	
		6	抽雄期（8月上旬）	20～30	
		7	灌浆期（8月中旬）	30	
		8	乳熟期（9月上旬）	20	
	枯水年 (P＝85%)	1	播种期（4月下旬至5月上旬）	20	200～250
		2	拔节初期（6月中旬）	20～30	
		3	拔节期（6月下旬）	20～30	
		4	拔节期（7月上旬）	20～30	
		5	拔节后期（7月中旬）	20～30	
		6	抽雄期（8月上旬）	20～30	
		7	灌浆期（8月中旬）	30	
		8	灌浆期（8月下旬）	30	
		9	乳熟期（9月上旬）	20	

10. 渠灌玉米栽培耕作技术

在玉米宽覆膜模式与"一增四改"栽培技术基础上，进行了关键技术指标及规范化操作方面的优化与改进，改窄膜覆盖为宽膜覆盖，改一膜两行种植为一膜四行种植，每一个带内为两行宽行中间间隔一行窄行，明确了玉米种植带地膜宽度为170cm，带内采用宽窄行种植，每膜种植4行的技术指标；通过改等行距种植为大小行种植，使玉米种植密度从传统的每亩3500～4000株提高到每亩5000～6000株。与常规覆膜方式相比，能够减少土壤水分的无效蒸发，提高保水效果，提高土壤增温保温效果，提高杀灭杂草的作用，免除中耕除草作业，降低劳动强度，加速玉米生长，提高生长量积累速度，提高产量。

（三）管理技术创新

1. 用水户参与灌溉管理

从1999年开始，逐步在河套灌区、黄河南岸灌区实施了用水户参与灌溉管理的用水管理体制，至今已建立并完善了以农民用水者协会为主体的专群结合、联水承保、渠长负责制等用水管理体制，灌区支渠以上渠系及配套建筑物由灌溉管理局运行管理，斗口以下渠系及配套建筑物移交农民用水者协会管理，群管体制改革推行了"亩次计费""包浇小组"等行之有效的节水措施，真正把节水落实到了田间地头，收到了显著的节水效益。

鄂尔多斯黄河南岸灌区将现有的地下水条件较好、土地流转规模经营的井灌区，改造为运行可靠、使用方便、增产、增效、高效节水的滴灌区；业主为农业用水者协会、企业和种植大户，成立灌溉用水小组，配备专职灌溉管理人员，建立和健全规章制度，明确了操作规程，并以滴灌系统为单元，统一种植，统一施肥，统一灌溉。

2. 灌区水资源使用权确权登记

为不断深化落实灌区水利改革，逐步推进水权制度，明确用水权的归属，建立并完善引黄用水总量控制、定额管理制度，实现黄河水资源合理配置，促进计划用水和节约用水，提高农业用水效率，内蒙古河套灌区管理总局（以下简称"河灌总局"）、巴彦淖尔市水务局结合乌兰布和灌域沈乌干渠跨盟市水权转让项目的实施，在乌兰布和灌域沈乌干渠试点地区开展引黄用水水权确权登记与用水指标细化分配工作，建立了水权确权登记管理办法；编制了《内蒙古河套灌区乌兰布和灌域沈乌干渠引黄灌溉水权确权登记和用水细化分配实施方案》；提出了建立"归属清晰、权责明确、监管有效"的水权制度体系的目标，完成了乌兰布和灌域沈乌干渠引黄灌溉水权确权登记与用水指标细化分配试点工作，明晰了基层用水组织的引黄水资源管理权和终端用水户的引黄水资源使用权；建立了用水确权登记数据库；完成了《内蒙古河套灌区乌兰布和灌域沈乌干渠引黄水权确权登记和用水指标细化成果报告》；为447条直口群管渠道的用水组织发放《引黄水资源管理权证》，为17003个终端用水户发放《引黄水资源使用权证》，为终端用水户免费提供水权交易手机APP。

3. 农业水价综合改革

在河套灌区、鄂尔多斯黄河南岸自流灌区，对超量用水实现累进加价，利用经济杠杆促进节水。同时实行"收支两条线"管理制度，水费按内蒙古自治区核定水价标准足额上缴财政，管理单位运行管理经费纳入市旗两级财政预算管理，市财政每年补助一定资金。

4. 灌溉制度改革

河套灌区不断深化沈乌灌域秋浇制度改革，特别是近两年，通过推迟并压缩秋浇放关口时间、控制秋浇面积、加强田间用水管理、控制秋浇灌水定额以及采取"水量包干、指标到渠、一次供水、供够关口"等一系列行之有效的措施，沈乌灌域秋浇用水量由多年平均的1.2亿 m^3 左右减少至2017年的0.57亿 m^3。秋浇面积由48万亩减少到26万亩，行水时间由45d减少到30d，农民减少水费支出约560万元。

（1）明确总量控制与定额管理职责。根据统一管理、分级负责的原则，总量控制由河灌总局代市政府负责，定额管理由旗（县、区）政府负责。

（2）确定总量控制指标。河灌总局代表市政府将"国家分配水量、自治区内可调控水量、灌区内可调节水量"合并作为年度总量控制指标，下达到各旗（县、区）政府，分解到国管渠道开口的直口渠，旗（县、区）政府负责本行政区域内的总量控制，乡镇政府按照直口渠总量，逐级分解管理到村（组）及用水户。各灌域管理局、管理所按时段和轮次用水总量、流量、输水时间配水到直口渠，实行供够水量关口。河灌总局将用水总量按干口水量控制，实行供够水量关口。

（3）全面实行定额管理。各旗（县、区）按照下达的总量控制指标，层层分解落实种植规模、灌溉面积、轮次计划，全面实行定额管理。按照国管干渠、分干渠开口的直口渠作为最小供水单元的总量控制指标，确定每条直口渠的综合灌溉定额、时段灌水定额、供水时间、应浇面积等硬性指标。特别是在秋浇、春灌干地、热水地上，当地政府要组织建立包浇组织，统一浇地质量，统一安排时间，统一灌水标准，统一灌水定额。

（4）实行公开公示制度，接受社会监督。为了切实做好引黄农业灌溉管理工作，明确用水总量控制与定额管理工作职责，巴彦淖尔市政府通过《巴彦淖尔日报》对全市引黄灌溉责任人进行公开公示，接受社会监督。

（5）统筹制定年度节水规划。要求各旗（县、区）对历年来明显超定额用水的地区，进一步加强管理、统一规划、制定措施，明确目标，限期整改，责任到人。无规划或限期不能达到目标要求的，水行政管理部门可采取限供、缓供或停止供水等措施，并与水资源管理行政首长考核目标挂钩。

（6）强化田间节水管理。各级政府和水管部门按照"总量控制、定额管理"的原则，切实加强田间节水管理，坚决杜绝秋浇地与热水地大面积重复灌溉，严格控制补墒地的灌水定额，在不影响农作物播种和生长的条件下，考虑非充分灌溉因素，减少田间灌水定额，切实提高用水效率和效益。

（7）深化秋浇制度改革。针对乌兰布和沙区秋浇灌水定额高、保墒难度大的特点，结合种植结构调整，除计划小麦种植的土地外，种植葵花的土地一律不安排秋浇。节约水量集中安排翌年早春灌，既有效缓解了夏灌集中用水紧张局面，又缩短了行水期，节水效果明显。

（四）信息化管理技术创新

1. 田间用水精量化配置技术

通过对河套灌区坝楞典型区的土壤质地、田间持水量、土壤容重等技术参数逐年进行测试，确定作物适宜含水量。选取小麦、玉米、葵花作为典型作物，选取不同灌水定额处理，按照作物生育期灌溉制度试验，在整个作物生长期，对每轮次的灌水定额和灌溉前后的土壤水分、盐分、地下水埋深均进行了测定，对不同年度的用水效率进行了评价，结合试点区长系列降雨资料，确定了不同水文年度优化灌溉制度，为田间精量化配水提供了技术参数。

2. 田间用水精量化信息化管理系统

有针对性地研发了农户用水信息终端，实现了田间灌溉水量按照轮次预报、上报、投诉、核查、灌水信息反馈以及轮次灌溉水量、水费核算等功能，达到农民用水者协会对田间用水量的信息化管理，实现了灌溉水量"亩次计费"；通过在沈乌灌域研究发明的 U 形田口闸，实现了农业用水精量化管理；通过采用雷达波渠道测流、水分监测、水量监测、灌溉面积统计、闸门启闭自动化等措施，农民用水者协会用工成本降低 30％，工效提高 50％，实现了管理投诉和用水纠纷零案率。

3. 灌区用水信息化管理系统

为实现对灌区信息采集的自动化、信息管理的规范化、决策的智能化，全面提升引黄灌区管理水平，分别在河套灌区、鄂尔多斯黄河南岸灌区、李井滩扬水灌区建立了引水、退水、地下水等水情采集系统，建设了气象数据采集、地下水位监测及土壤墒情监测系统；对重要的干、支渠引水口、退水口配备远程闸站监控设施；建设安全可靠的信息传输系统、稳定安全的数据存储系统、具有决策支持功能的管理决策支持系统等。信息化系统总体组成可分为四级远程监控系统、四级网络传输系统和现地采集系统三部分，形成了初步完善的灌区水利信息化网络系统；建立了跨盟市水权转让监测系统数据中心，初步实现了灌域用水及监测数据与灌域管理部门和交易平台资源共享。

（五）综合节水技术集成模式创新

1. 河套灌区综合节水技术集成模式

以内蒙古河套灌区为研究对象，集成田间节水灌溉、高效输配水、灌区用水管理、农田排水与再利用等技术，建立了适合引黄灌区的节水改造技术集成模式，主要包括河套灌区春小麦综合节水技术集成模式、河套灌区玉米综合节水技术集成模式、河套灌区覆膜向日葵综合节水技术集成模式、河套灌区加工番茄沟灌综合节水技术集成模式和河套渠灌区节水改造技术集成模式，如图7-1～图7-5所示。

2. 鄂尔多斯黄河南岸灌区玉米大型喷灌综合节水技术集成模式

围绕大型机组式喷灌（指时针式和平移式喷灌）工程，将喷灌技术、农艺技术、农机技术、管理技术有机组合，形成新的"大型机组式喷灌现代农业综合节水技术集成模式"。在灌溉单元内通过统一整地、统一播种、统一灌水、

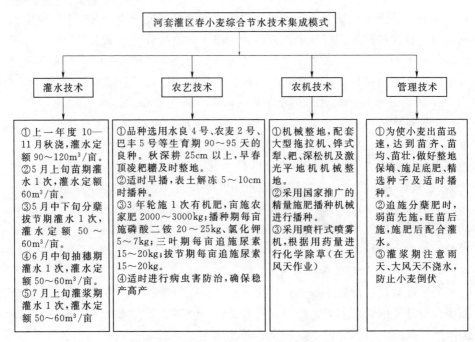

图 7-1　河套灌区春小麦综合节水技术集成模式

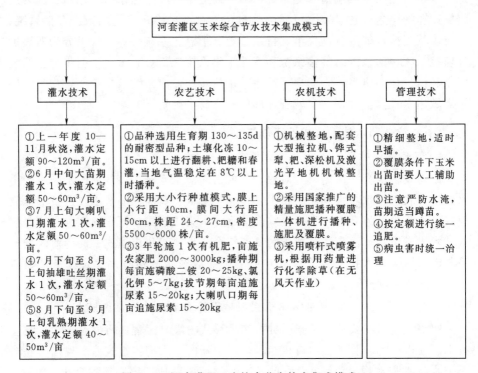

图 7-2　河套灌区玉米综合节水技术集成模式

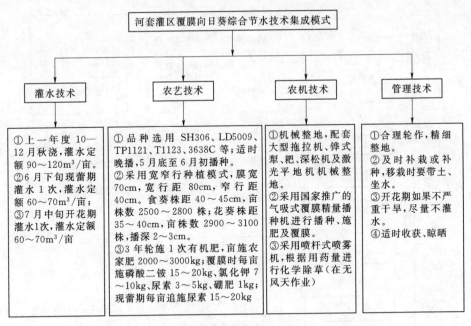

图 7-3　河套灌区覆膜向日葵综合节水技术集成模式

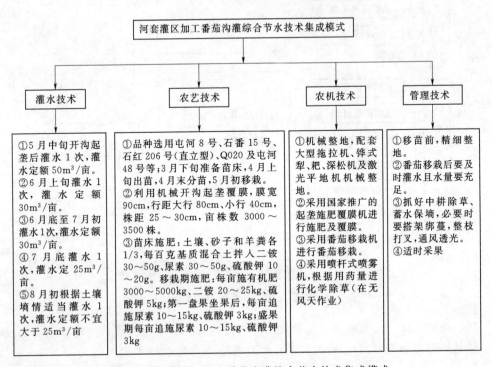

图 7-4　河套灌区加工番茄沟灌综合节水技术集成模式

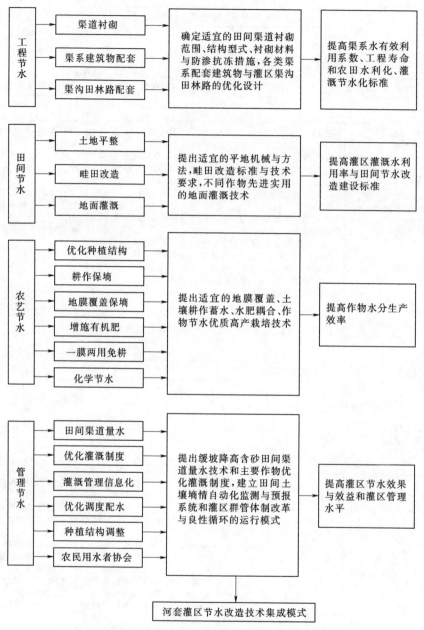

图 7-5 河套渠灌区节水改造技术集成模式

统一施肥、统一病虫害防治的管理，实现规范化、标准化作业，提高节水增产效益。鄂尔多斯黄河南岸灌区玉米大型喷灌综合节水技术集成模式如图 7-6所示。

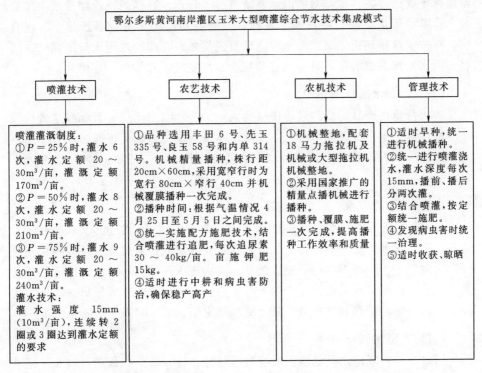

图 7-6 鄂尔多斯黄河南岸灌区玉米大型喷灌综合节水技术集成模式

二、工业节水技术创新

(一) 提高循环水的运行效率

循环水的运行效率主要体现在循环水的浓缩倍数上，循环水的浓缩倍数越高，补充水量越少，排污水量也越少，因此，应尽量提高冷却水循环系统的浓缩倍数。为进一步提高循环水系统循环率和浓缩倍数，减少外排水量和新水消耗量，各大行业开展了提高循环水运行效率的活动，从各系统水质指标更新确定、工艺运行特点、水质稳定控制技术和节水关键点出发，对每个循环水系统进行分析研究，制定落实整改措施；采用冷却塔闭路循环工艺，对水温较高的水通过冷却设备后继续循环使用，并且采用反渗透工艺，提高循环冷却水的浓缩倍数，从而减少因循环浓缩后的排放量；制定企业内部的各系统水质控制指标，并配套合理的水质稳定方案，保证水质稳定处理效果，循环水综合循环率达到98%以上。

(二) 直供、直排水点循环化

企业在部分工序用水设计中存在直供、直排现象。因此，各大行业有针对性地制定改造方案，重点对喷淋水系统进行了改造，在高炉空冷器系统中建立独立喷淋循环水系统，新建喷淋水池、旁滤器和加压泵等设备设施，实现直供、直排水点循环化。该项节水改造项目的实施，在减少取用水量的同时，减轻了污水处理系统负荷，具有良好的社会、经济效益和节水、环保效益。

（三）冷却水循环利用

各大行业在产品的生产过程中需要大量的冷却水对反应装置和机泵进行间接冷却，但出水除了温度升高外，水质基本没有变化，因此可通过设置冷却塔对其进行冷却后循环利用，使冷却水的循环利用率达95％以上，从而有效提升水效水平。

（四）锅炉冲渣水、除尘系统冲灰水的处理回用

各大行业的蒸汽锅炉产生的灰水含固量高、温度高、浊度大、成分复杂。为此，可将灰水以及冲渣水等首先与补充水一并送入折流式混合反应沟，充分混合均匀后进入灰渣沉淀池，逐级沉淀分离后进入污水池，经过滤澄清处理后进入清水池；由清水泵送回除尘器循环使用。由于灰水处理效果提高，可实现除尘用水的闭路循环和零排放，从而减少用水量，大大提升水效水平。

（五）典型案例分析

通过对已批复使用黄河水的行业进行统计，针对每个具体项目的实际用水水平与内蒙古自治区行业用水定额进行对比分析，选取出几个实际用水水平小于内蒙古自治区行业用水定额的项目，分别对节水措施进行阐述。

（1）大唐国际托克托发电有限责任公司托克托电厂五期（2×660MW空冷机组）项目，批复时间为2013年，批复机关为水利部黄河水利委员会，该项目实际用水水平与内蒙古自治区行业用水定额相比，每年可节约水量24.9万 m³。其节水措施主要体现在以下几个方面：

1）主机凝汽器冷却采用空冷系统，避免了循环冷却水系统带来的蒸发、风吹、排污损失；辅机冷却采用二次循环冷却系统，机械通风冷却塔内加装节水装置，减少水雾蒸发损失。

2）主厂房内的辅机冷却水采用开、闭式相结合的方式，对于辅机冷却水系统优先使用闭式循环冷却，减少循环冷却水的用量，从而减小了开式循环系统的蒸发、风吹、排污损失。开式循环冷却塔加装了除水器，使冷却塔风吹损失由循环水量的0.3％～0.5％降至0.1％，有效降低了冷却塔的风吹损失。

3）除灰渣系统采用干式除灰渣方式，大大降低了电厂耗水率。

4）锅炉排污水经锅炉排污降温池冷却后，进入循环水补水系统。

5）将冷却塔排污水回收利用，用作脱硫系统补水、除灰渣系统补水等服务水系统补水，减少了新水用量。

6）将油罐区冷却排水、地面冲洗排水和化学车间排水收集后经污水处理站处理后经复用水池用作脱硫系统补水、除灰渣系统补水等服务水系统补水，减少了新水用量。

7）含煤废水经煤水集中处理室处理后重复利用。

8）蒸汽采暖系统设有凝结水回收装置，减少厂内汽水损失。

9）脱硫工序在烟道上加装了低温省煤器，降低烟气入脱硫塔温度，节约脱硫用水量。

（2）神华乌海煤焦化有限公司 50 万 t/a 以焦炉气为原料低压合成甲醇装置项目，批复时间为 2010 年，批复机关为水利部黄河水利委员会，该项目实际用水水平与内蒙古自治区行业用水定额相比，每年可节约水量 97.3 万 m³。其节水措施主要体现在以下几个方面：

1）含硫污水汽提装置改造：对氨精制系统、净化水系统、汽提部分均进行改造，采用三级分凝、气氨混合吸收和新型式氨蒸馏塔重沸器，对换热器、冷进料和塔盘进行改造或更换。

2）煤液化高浓度污水预处理及臭氧氧化系统：在 3T 池前增加强化微电解＋高效催化氧化＋混凝沉淀，在 3T 池后增加两级臭氧氧化装置。

3）精制反渗透及 MBR＋RO 深度处理系统：新增 A/O＋MBR＋UF＋RO 装置对高浓度及含油系统出水进行深度处理；增加 UF＋RO 装置对 PT 产品水、E1 蒸发器产品水、汽提后 E2 蒸发器产品水进行深度处理。

4）高浓度污水处理系统增加高级氧化预处理装置和臭氧氧化处理装置。

5）催化剂污水处理系统增加一套污水汽提装置。

6）含硫污水处理后用作工艺装置反应注水，不外排。

7）循环水场排污水和气化排污水经处理后，净化水可作为循环水的补充水，浓水作为调灰用水。

8）低浓度含油污水和含硫含酚污水经分别处理后全部回用作循环水的补充水。

9）污水汽提装置进水前设置调节罐，稳定进水水质。

（3）荣信化工有限公司年产 180 万 t 煤制甲醇及转化烯烃一期 60 万 t/a 甲醇项目，批复时间为 2013 年，批复机关为内蒙古自治区水利厅，该项目实际用水水平与内蒙古自治区行业用水定额相比，每年可节约水量 19.8 万 m³。其节水措施主要体现在以下几个方面：

1）工艺装置节水措施。

a. 工艺压缩机蒸汽透平冷凝液全部回收至冷凝液精制单元。

b. 工艺冷凝液全部回收至冷凝液精制单元。

c. 工艺装置蒸汽汽包排污水送污水处理站处理后回用。

d. 工艺装置污染区域地面冲洗水和初期雨水送污水处理站处理后回用。

e. 工艺压缩机蒸汽透平冷凝器和部分工艺冷却器采用空气冷却。

2）给排水装置节水措施。

a. 设置回用水处理站、污水处理站，废水全部回用，废水达到零排放。

b. 该项目要求在各出水点（补充水泵、生产水泵、生活水泵等）及用水干管上设置计量和调节、控制装置，对各用水装置实行定额管理，消除跑冒滴漏，并将厂区内计量数据传送到控制室内的 DCS 系统上，进行数据统计、处理和分析，得出用水、排水数据，有针对性地进行水量控制。

c. 对透平机组尽可能采用空冷技术进行循环冷却，以减少循环水用量，相应减少补充水用量。

d. 优化循环冷却水水质稳定处理方案，提高循环水浓缩倍数，减少补充水量。

e. 对需要水冲洗的过滤器及设备尽量采用气水反冲洗来清洗，以便减少新鲜水的用量。

f. 对各装置主要工业水、冷却水尽可能采用循环水，实行水的重复利用，节约水资源。

g. 将输煤栈桥的冲洗排水和除尘排水集中排至冲洗水处理站，经过沉淀和煤水处理设备处理后重复使用，冲洗水站补充水采用回用水处理后的浓盐水。

第八章 结论与展望

一、结论

本书在对内蒙古自治区沿黄 6 个盟市 2003—2016 年以来取用黄河水的灌区、2010 年以来取用黄河水的工业进行实地调研和对引水、用水和耗水等资料进行整理的基础上，开展盟市内及盟市间水权交易工程实施情况与效果评估、内蒙古引黄灌区农业用水交易潜力分析、内蒙古黄河流域工业用水交易潜力分析，提出内蒙古黄河流域水权交易节水技术创新与模式，得出如下结论：

（1）内蒙古自治区黄河流域地表水供水量 1998—2002 年呈下降的趋势，2003—2013 年呈先上升后下降的趋势，2014—2017 年仍然呈先上升后下降的趋势；地下水供水量 1998—2017 年整体呈先上升后下降的趋势；其他水源的供水量 1998—2017 年整体呈现上升的趋势。

（2）内蒙古自治区黄河流域农业用水量 1998—2002 年呈先上升后下降的趋势，2003—2013 年农业用水量起伏变化较大，2014—2017 年呈先上升后下降的趋势；工业用水量 1998—2013 年呈整体上升的趋势，2014—2017 年呈下降的趋势；居民生活用水量 1998—2017 年整体呈上升的趋势；生态用水量 1998—2013 年呈先上升后下降的趋势，2014—2017 年呈先上升后下降的趋势。

（3）内蒙古黄河流域 1998—2002 年农业用水量、工业用水量、居民生活用水量分别占总用水量的 91.2％、5.3％和 3.5％；2003—2017 年农业用水量、工业用水量、城镇公共用水量、居民生活用水量及生态用水量分别占总用水量的 84.13％、10.04％、1.19％、3.02％和 1.62％。

（4）内蒙古黄河流域 1998—2002 年耗水量呈先上升后下降的趋势，2003—2013 年，呈波动起伏的趋势，2014—2017 年呈先上升后下降的趋势。

（5）自 2003 年起，内蒙古自治区在阿拉善盟、鄂尔多斯市、包头市等地区开展了盟市内"点对点"水权转让试点工作，完成了以包头市黄河灌区、鄂尔多斯市黄河南岸灌区、阿拉善盟李井滩扬水灌区等为核心的水权转让的节水工程以及配套工程。截至 2013 年 6 月，盟市内水权转让项目已有 41 项，转换水量 3.32 亿 m³，解决了 40 多个工业项目用水，为沿黄灌区筹措了 30 多亿元节水改造资金，显著提升了沿黄灌区用水效率，同时实现了逐年降低引黄水量至分水计划指标红线内的目标。

（6）自 2014 年起，在河套灌区沈乌灌域实施节水工程，在巴彦淖尔市、鄂尔多斯市、阿拉善盟三盟市间探索开展跨盟市水权交易、建立健全水权交易平台、开展水权交易制度建设和探索相关改革，随着水权转让工程的逐步完成，沈乌灌域区域生态环境总体呈现改善的态势，灌域田间灌溉用水保证程度呈现持续升高的趋势，截至 2017 年年底，沈乌灌域总体节水能力达到 2.52 亿 m^3，可实现转让水量 1.2 亿 m^3，解决了沿黄地区 75 个工业项目的用水指标问题，为约 1440 亿元工业增加值提供了水资源保障，有力促进了沿黄地区经济社会的协调发展。

（7）内蒙古引黄灌区 2003 年以前农业取、用、耗、排水量呈上下波动的动态变化过程，但整体取、用、耗水量较大；从 2003 年以来整体取、用、耗水量较 2003 年之前呈下降的趋势。

（8）内蒙古引黄灌区主要作物（小麦、玉米、葵花等）小麦的灌溉面积呈现先上升后下降的趋势；玉米和葵花的灌溉面积都呈现上升的趋势。

（9）内蒙古引黄灌区的灌溉水利用系数整体呈上升的趋势。

（10）内蒙古引黄灌区的节水潜力约为 205125.6 万 m^3。

（11）以内蒙古自治区行业用水定额为标准，内蒙古黄河流域 2010—2015 年已批复的取用黄河水的高耗水项目可节约水量为 7435.22 万 m^3/a。

（12）以各行业实际用水水平最小值（包括内蒙古自治区行业用水定额）作为标准，内蒙古黄河流域 2010—2015 年已批复的取用黄河水项目中火力发电行业可节约水量为 865.4 万 m^3/a，其他能源发电行业可节约水量为 34.67 万 m^3/a，烟煤和无烟煤的开采洗选行业可节约水量为 229.21 万 m^3/a，铁矿采选行业可节约水量为 324.06 万 m^3/a，非金属矿物制品行业可节约水量为 105.61 万 m^3/a，铝冶炼行业可节约水量为 258.5 万 m^3/a，有机化工原料制造行业可节约水量为 7623.37 万 m^3/a，其他基础化学原料制造行业可节约水量为 360.00 万 m^3/a，初级形态的塑料及合成树脂制造行业可节约水量为 316.64 万 m^3/a，氮肥制造行业可节约水量为 1289.62 万 m^3/a，无机碱制造行业可节约水量为 288.05 万 m^3/a，其他行业可节约水量为 435.57 万 m^3/a。

（13）随着内蒙古自治区水权转换试点工作的进行，以及引黄灌区节水改造工作的开展，逐步形成了一系列适用于内蒙古自治区引黄灌区的节水新技术与新模式，主要有：模袋混凝土渠道衬砌技术、农田激光控制土地精平与畦田改造技术、多水源（黄河水、淖尔水、地下水）联合应用滴灌技术、秋浇覆膜灌溉技术、作物立体畦沟结合灌溉要素优化组合技术、立体种植高效节水技术、盐渍化灌区水肥耦合高效利用技术、干旱区作物田间水分高效利用综合技术、膜下滴灌水肥一体化技术、加工番茄覆膜沟灌技术、玉米覆膜喷灌技术、渠灌玉米栽培耕作技术、用水户参与灌溉管理、灌区水资源使用权确权登记、农业水价综合改革、灌溉制度改革、田间用水精量化配置技术、田间用水精量化信息化管理系统、灌区用水信息化管理系统以及河套灌区综合节水技术集成模式、鄂尔多斯市黄河南岸灌区玉米大型喷灌综合节水技术集成模式等。

（14）工业节水技术创新主要体现在以下方面：采用冷却塔闭路循环工艺和反渗透工艺，提高循环冷却水的浓缩倍数；对喷淋水系统进行改造，在高炉空冷器系统中建立独立喷淋循环水系统，新建喷淋水池、旁滤器和加压泵等设备设施，实现直供、直排水点的循环化；设置冷却塔使冷却水实现循环利用；锅炉冲渣水、除尘系统冲灰水的处理回用等。

二、展望

农业高效节水是解决农业与其他产业用水供需矛盾的关键，农业灌溉用水水权交易在一定程度上缓解了工业用水、生活用水紧张的局面。在最严格水资源管理制度背景下，高效节水是农业发展的有益途径，水权交易是实现城镇用水、工业用水供给量增加的重要途径。

内蒙古自治区经过十多年的水权转换试点实践，引黄灌区节水工程建设取得了明显成效，有效提升了灌区节水改造效率和运行管理水平，促进了水资源的优化配置，达到了农业节水、农民增收、工业增效的多赢局面，积累了一些适用于北方干旱、半干旱地区和引黄灌区水权改革的有益经验，下一步对试点工程区域要建立长效监测机制，对节水效果和生态影响做到长期跟踪；进一步加强灌区信息化建设管理；继续深化农业水价综合改革，使内蒙古自治区水权转换工作得到更好发展。

参 考 文 献

［1］ 赵清，刘晓旭，刘晓民，等. 最严格视域下水资源供给侧结构性改革经验探讨——内蒙古自治区水资源管理改革实践 ［J］. 水利经济，2018，36（1）：71-73.

［2］ 赵清，刘晓旭，蒋义行. 内蒙古水权交易探索及工作重点 ［J］. 中国水利，2017（13）：20-22.

［3］ 王宝林. 内蒙古水权转让实践与下一步工作思路 ［J］. 水利发展研究，2014，14（10）：67-69，77.

［4］ 黄星. 黄河流域典型区域气候因子和植被变化及二者响应关系研究 ［D］. 呼和浩特：内蒙古农业大学，2016.

［5］ 田野. 黄河内蒙古段河流健康评价 ［D］. 呼和浩特：内蒙古农业大学，2016.

［6］ 石岚，徐丽娜. 黄河流域内蒙古区间降雨径流模拟及水量平衡分析 ［J］. 干旱区资源与环境，2014，28（12）：105-110.

［7］ 屈忠义，刘廷玺，康跃，等. 内蒙古引黄灌区不同尺度灌溉水效率测试分析与节水潜力评估 ［M］. 北京：科学出版社，2018.

［8］ 内蒙古自治区水利科学研究院. 内蒙古新增四个千万亩节水灌溉工程科技支撑项目成果报告 ［R］. 2015.

［9］ 内蒙古自治区水利水电勘测设计院. 包头市黄河灌区水权转让一期工程规划报告 ［R］. 2011.

［10］ 内蒙古自治区水利水电勘测设计院. 内蒙古自治区黄河水权转让总体规划报告 ［R］. 2005.

［11］ 内蒙古自治区水利水电勘测设计院. 黄河内蒙古河套灌区续建配套与节水改造工程可行性研究报告 ［R］. 2013.

［12］ 内蒙古自治区水利水电勘测设计院. 内蒙古黄河干流水权盟市间转让河套灌区沈乌灌域试点工程可行性研究报告 ［R］. 2014.

［13］ 内蒙古自治区水利水电勘测设计院. 内蒙古黄河干流水权盟市间转让保障规划报告 ［R］. 2016.

［14］ 内蒙古自治区水利水电勘测设计院. 内蒙古黄河干流水权盟市间转让二期工程可行性研究报告 ［R］. 2016.

［15］ 内蒙古自治区水利水电勘测设计院. 鄂尔多斯市黄河水权一期工程规划报告 ［R］. 2003.

［16］ 内蒙古自治区水利水电勘测设计院. 鄂尔多斯市引黄灌区水权转换暨现代农业高效节水工程规划报告 ［R］. 2009.

［17］ 内蒙古自治区水利水电勘测设计院. 鄂尔多斯市引黄灌区水权转换暨现代农业高效节水工程可行性研究报告 ［R］. 2009.

［18］ 内蒙古自治区水利水电勘测设计院，巴彦淖尔市水利水电勘测设计院，等. 黄河内蒙古民族团结扬水灌区续建配套与节水改造工程实施方案 ［R］. 2000—2014.

[19] 内蒙古自治区水利水电勘测设计院. 内蒙古镫口扬水灌区续建配套与节水改造工程实施方案 [R]. 2000—2014.

[20] 黄河水利科学研究院引黄灌溉工程技术研究中心, 内蒙古农业大学, 等. 内蒙古黄河干流水权盟市间转让河套灌区沈乌灌域试点跟踪监测评估报告 [R]. 2018.

[21] 内蒙古自治区水利厅. 内蒙古自治区水权试点自评估报告 [R]. 2018.

[22] 巫美荣, 贾金良, 田小强. 内蒙古鄂尔多斯市黄河灌区水权转换节水效果及综合效益分析 [J]. 内蒙古水利, 2009, 121 (3): 134 - 136.

[23] 姜丙洲, 章博, 李恩宽. 内蒙古水权转换试验区监测效果分析 [J]. 中国水利, 20: 7 (19): 47 - 48.

[24] 赵清, 刘晓旭, 蒋义行. 建设生态水利, 推进绿色发展——内蒙古自治区黄河干流沈乌灌域水权试点的经验启示 [J]. 水利经济, 2019, 37 (4): 20 - 22.

[25] 王文光. 浅谈内蒙古自治区盟市间水权转让及取得的成效 [J]. 内蒙古水利, 2018, 189 (5): 52 - 53.

[26] 王鹏, 王瑞萍. 内蒙古河套灌区水权转换的研究与实践 [J]. 海河水利, 2016 (5): 8 - 9, 13.

[27] 李晓春, 杜卿, 冯传杰. 内蒙古五盟 (市) 水权转让项目实施情况分析 [J]. 水资源开发与管理, 2016 (1): 82 - 84.

[28] 张明星, 张军成. 内蒙古黄河南岸灌区水权转换综合效益分析 [J]. 内蒙古农业大学学报 (社会科学版), 2012, 14 (3): 81 - 84.

[29] 中华人民共和国建设部, 中华人民共和国国家质量监督检验检疫总局. 节水灌溉工程技术规范: GB/T 50363—2006 [S]. 北京: 中国计划出版社, 2006.

[30] 全国灌溉水利用系数测算分析专题组. 全国现状灌溉水利用系数测算分析报告 [R]. 2007.

[31] 雷波, 刘钰, 许迪. 灌区农业灌溉节水潜力估算理论与方法 [J]. 农业工程学报, 2011, 27 (1): 10 - 14.

[32] 李远华, 崔远来. 不同尺度灌溉水高效利用理论与技术 [M]. 北京: 中国水利水电出版社, 2009.

[33] 崔远来, 谭芳, 郑传举. 不同环节灌溉用水效率及节水潜力分析 [J]. 水科学进展, 2010, 21 (6): 788 - 793.

[34] 王林威, 武见, 贾正茂, 等. 生态视域下宁蒙引黄灌区节水潜力分析 [J]. 节水灌溉, 2017 (11): 84 - 86, 92.

[35] 内蒙古自治区水利厅. 内蒙古自治区行业用水定额标准: DB15/T 385—2015 [S]. 2015.

[36] 内蒙古自治区水利厅. 内蒙古自治区水资源公报 (1998—2017) [R]. 1998—2017.

[37] 宋国君, 高文程. 中国城市节水潜力评估研究 [J]. 干旱区资源与环境, 2017, 31 (12): 1 - 7.

[38] 雷玉桃, 黄丽萍. 基于 SFA 的中国主要工业省 (区) 工业用水效率及节水潜力分析: 1999—2013 年 [J]. 工业技术经济, 2015 (3): 49 - 57.

[39] 赵晶, 倪红珍, 陈根发. 我国高耗水工业用水效率评价 [J]. 水利水电技术, 2015, 46 (4): 11 - 15.

[40] 贾金生, 马静, 杨朝晖, 等. 国际水资源利用效率追踪与比较 [J]. 中国水利,

2012 (5): 13 - 17.

[41] 刘秀丽, 张标. 我国水资源利用效率和节水潜力 [J]. 水利水电科技进展, 2015, 35 (3): 5 - 10.

[42] 苏云. 基于社会水循环的节水型社会建设规划方法与实证研究 [D]. 上海: 华东师范大学. 2012.

[43] 姜蓓蕾, 耿雷华, 卞锦宇, 等. 中国工业用水效率水平驱动因素分析及区划研究 [J]. 资源科学, 2014, 36 (11): 2231 - 2239.

[44] 李亚童, 申向东, 高矗, 等. 大型灌区现役衬砌模袋混凝土渠道力学性能检验 [J]. 中国农村水利水电, 2016 (1): 105 - 108.

[45] 周龙, 赵宏丰, 刘辉. 河套灌区渠道衬砌工程冻胀破坏分析及防治措施 [J]. 内蒙古水利, 2014 (1): 31 - 32.

[46] 徐睿智, 魏占民, 夏玉红, 等. 激光精细平地对畦田灌水质量的影响及节水效果分析 [J]. 灌溉排水学报, 2012, 31 (2): 6 - 9.

[47] 李佳宝. 河套灌区农田激光平地试验分析与水平畦田技术模式研究 [D]. 呼和浩特: 内蒙古农业大学, 2014.

[48] 内蒙古自治区水利科学研究院, 水利部牧区水利科学研究所, 内蒙古农业大学, 等. 引黄灌区多水源滴灌高效节水关键技术研究与示范成果报告 [R]. 2018.

[49] 张义强. 河套灌区适宜地下水控制深度与秋浇覆膜节水灌溉技术研究 [D]. 呼和浩特: 内蒙古农业大学, 2013.

[50] 张义强, 魏占民. 内蒙古河套灌区小麦套种玉米秋浇覆膜灌溉试验研究 [J]. 节水灌溉, 2012 (4): 15 - 19.

[51] 史海滨, 闫建文, 李仙岳. 内蒙古河套灌区粮油作物节水技术集成模式 [J]. 北方农业学报, 2018, 46 (1): 36 - 45.

[52] 胡淑玲. 立体种植条件下作物需水量与非充分灌溉制度研究 [D]. 呼和浩特: 内蒙古农业大学, 2010.

[53] 田德龙. 河套灌区盐分胁迫下水肥耦合效应响应机理及模拟研究 [D]. 呼和浩特: 内蒙古农业大学, 2011.

[54] 张建中, 杨文耀, 郭富国, 等. 河套灌区麦后复种向日葵 "一年两作" 研究初探 [J]. 内蒙古农业科技, 2015, 43 (1): 6 - 7.

[55] 邹超煜. 春小麦-向日葵复种对河套灌区土壤水盐动态变化及土地生产力的影响 [D]. 杨凌: 西北农林科技大学, 2017.

[56] 白岗栓, 张蕊, 耿桂俊, 等. 保水剂对河套灌区土壤水分和春小麦生长的影响 [J]. 干旱区研究, 2012, 29 (3): 393 - 398.

[57] 杜社妮, 耿桂俊, 于健, 等. 保水剂施用方式对河套灌区土壤水热条件及玉米生长的影响 [J]. 水土保持通报, 2012, 32 (5): 270 - 276.

[58] 芩睿. 不同改良剂对河套灌区典型土壤理化特性及作物生长影响机理试验研究 [D]. 呼和浩特: 内蒙古农业大学, 2017.

[59] 胡敏, 苗庆丰, 史海滨, 等. 施用生物炭对膜下滴灌玉米土壤水肥热状况及产量的影响 [J]. 节水灌溉, 2018 (8): 9 - 13.

[60] 董芸雷. 河套灌区盐碱地测土施用脱硫石膏技术的研究 [D]. 呼和浩特: 内蒙古农业大学, 2014.

［61］ 李哲. 河套灌区滴灌施肥对玉米生长及氮素利用效率影响研究［D］. 呼和浩特：内蒙古农业大学，2018.

［62］ 张晓清. 农民用水协会在灌区农村发展中的作用分析——以河套灌区农民用水协会为例［D］. 大连：东北财经大学，2010.

［63］ 李珪. 内蒙古河套灌区参与式灌溉管理运行机制与绩效研究［D］. 呼和浩特：内蒙古农业大学，2008.

［64］ 郑和祥，李和平，刘海全，等. 鄂尔多斯市黄河南岸灌区农业水价改革实例分析［J］. 水利经济，2018，36（4）：23-27.

［65］ 徐宏伟. 信息技术在灌区农业节水中的重要作用［J］. 内蒙古水利，2014（3）：121-122.

［66］ 杭程光，李伟，祝清霞，等. 河套灌区农业用水信息化发展及对策——以巴彦淖尔市磴口县灌溉示范区为例［J］. 节水灌溉，2016（10）：93-97.

［67］ 顾大钊，张勇，曹志国. 我国煤炭开采水资源保护利用技术研究进展［J］. 煤炭科学技术，2016，44（1）：1-7.

［68］ 宏晓晶，刘雪鹏，吴盛文，等. 过程系统工程方法在煤化工节水优化中的应用［J］. 工业水处理，2015，35（8）：107-109.

［69］ 郭方. 石化企业循环冷却塔排污水的水回用技术［J］. 石油化工设计，2014，31（1）：42-45.

［70］ 刘万兵. 超滤、反渗透在循环冷却塔排污水处理中的应用［J］. 广东化工，2014，41（14）：163-164，160.

［71］ 中华人民共和国国家质量监督检验检疫总局，中华人民共和国建设部. 工业循环水冷却设计规范：GB/T 50102—2003［S］. 北京：中国计划出版社，2003.

［72］ 王宁. 循环冷却水系统的优化设计［D］. 青岛：青岛科技大学，2013.

［73］ 刘雪鹏，杨友麒，吴盛文，等. 炼化企业循环冷却水系统节水技术探讨［J］. 工业水处理，2013，33（10）：11-15.

［74］ 黄为炜，黄伏根. 余热发电循环冷却水系统的节能设计［J］. 工程建设，2013，45（4）：53-61.

［75］ 徐素芳. 化工企业循环冷却水系统的节能技术探讨［J］. 广州化工，2011，39（7）：141-143.

［76］ 林长喜. 大型煤化工项目节水技术进展和应用前景分析［J］. 煤炭加工与综合利用，2014（6）：58-67.

［77］ 杨友麒，庄芹仙. 炼油化工企业节水减排的进展和存在问题［J］. 化工进展，2012，31（12）：2780-2785.

［78］ 吉振兴. 浅析石油化工企业的节水与减排［J］. 能源与节能，2013（11）：112-113，122.